AF546487

BLV

Dr. Ewald Gerhardt
Pilzführer
für Einsteiger
Die wichtigsten Arten finden & erkennen

Inhalt

Über dieses Buch

Man kann Pilze im Supermarkt kaufen, doch sind gerade Wildpilze dort nicht immer im besten Zustand und relativ teuer. Selbst Gesammeltes birgt aber ein großes Gesundheitsrisiko, wenn man sich nicht auskennt. In guten Jahren ist der angehende Pilzfreund durch die Vielzahl der erscheinenden Pilzformen überfordert, die auch noch ziemlich veränderlich sind. Hier ist dieses Buch eine willkommene Hilfe für die richtige, sichere Auswahl.

Der Einsteiger möchte wissen, wo Pilze wachsen, welche Arten er gefahrlos sammeln kann, wie man sie erkennt und von giftigen unterscheidet. Interessant ist auch, wie man das Sammelgut unbeschadet nach Hause bringt und zu einem leckeren Pilzgericht weiterverarbeitet. Das und vieles mehr erfährt er in diesem Buch.

Die Auswahl der 89 abgebildeten und beschriebenen **Pilzarten** wurde sorgfältig getroffen. Damit sind sowohl die beliebtesten, überall häufigen Speisepilze als auch wichtige ungenießbare oder giftige Doppelgänger enthalten. Typische Exemplare am natürlichen Standort werden in großen Fotos dargestellt. Dabei wird den häufigen **Röhrlingen** besondere Aufmerksamkeit gewidmet, da zu ihnen leichter erkennbare Speisepilze gehören.

Eine bebilderte, eigens für dieses Buch entwickelte **Bestimmungsübersicht** dürfte dem Einsteiger beim Erkennen der einzelnen Pilzgruppen hilfreich sein.

Einige Gattungen wurden in diesem Buch nicht behandelt. So z. B. Echte Ritterlinge *(Tricholoma)*, Weichritterlinge *(Melanoleuca)*, Fälblinge *(Hebeloma)*, Schleierlinge *(Cortinarius)*, Rötlinge *(Entoloma)* oder Helmlinge *(Mycena)*. Sie enthalten essbare, schwer bestimmbare, giftige oder sehr seltene Arten. Viele von ihnen kommen schon deshalb als Speisepilze nicht infrage, weil sie einfach unergiebig oder geschmacklos sind. Nicht von allen ist der Speisewert überhaupt bekannt.

Wer sich an die Regeln (siehe »Pilze sammeln und verwerten«) hält, wird sein Pilzgericht ohne Reue genießen können. Eines sei aber klar gesagt: Eine ausreichende Sicherheit beim Bestimmen der Arten wird nur demjenigen zuteil, der sich intensiv mit der Materie beschäftigt und eigene Erfahrung sammelt. Leider ist in einem Buch kaum so viel Platz, um sämtliche Erscheinungsformen einer Pilzart darzustellen. Es wird daher für den Anfang dringend empfohlen, eine Pilzberatungsstelle aufzusuchen, die Hilfe von Kennern in Anspruch zu nehmen und andere Bestimmungshilfen zu nutzen.

Pilze sammeln und verwerten

Die wichtigsten Sammelutensilien sind ein luftiger Pilzkorb, der unnötiges Schwitzen des empfindlichen Sammelgutes verhindert, und ein Klappmesser, mit dem die Pilze abgeschnitten oder vorsichtig als Ganzes aus der Erde gehoben werden. Praktisch ist ein Messer mit Bürste. Damit können Erd- und Sandreste sowie Humusteile besser entfernt werden.

Wer anstelle eines Korbes die umstrittene Plastiktüte verwendet, riskiert ein schnelles Verderben der Pilze, besonders in feuchtwarmer Jahreszeit. Sollten unbekannte oder giftige Arten zum Kennenlernen mitgenommen werden, sind sie getrennt zu halten. Deren Bruchstücke oder abgeworfenes Sporenpulver könnten sich auf den Speisepilzen ablagern und diese giftig machen. Es versteht sich von selbst, dass überalterte Exemplare am Standort verbleiben. Sie können noch Millionen von Sporen abgeben, die der Arterhaltung und Verbreitung dienen. Zu Hause werden die Pilze möglichst bald verarbeitet und zubereitet.

Beim Sammeln ist Disziplin angesagt. Täublinge oder andere Arten, die man aus Unkenntnis sowieso nicht mitnimmt, muss man nicht immer wieder umdrehen oder ausreißen. Madige Stielteile oder Schnittstellen können eingegraben oder abgedeckt werden. Auch wenn es schwerfällt: Es sollte nur für den Eigenbedarf gesammelt werden und keine Riesenmengen. Einige Bundesländer schreiben Maximalgewichte pro Tag und Person vor und ahnden Zuwiderhandlungen mit empfindlichen Geldstrafen.

Wenn ein Pilzgericht nicht sofort aufgegessen wird, kann es kurzzeitig im Kühlschrank gelagert und am nächsten Tag wieder erhitzt werden. Tieffrieren bei minus 18 Grad ist eine Möglichkeit der längeren Aufbewahrung. Für rohe Frischpilze wird vorheriges Blanchieren empfohlen, um die Haltbarkeit zu verbessern. Viele Pilzarten eignen sich gut zum Trocknen. Dafür gib es spezielle Dörrgeräte oder der Backofen wird bei niedrigst eingestellter Temperatur, Umluft und halb offener Tür genutzt. Völlig durchgetrocknete Pilze müssen luftdicht gelagert und vor Insektenfraß geschützt werden.

Regeln für Einsteiger

Pilze sind eine gesunde, schmackhafte, kalorienarme Ergänzung des Speiseplanes. Sie enthalten verdauungsfördernde Stoffe, sind aber selbst schwer verdaulich. Auch große Mengen guter Speisepilze können Magenschmerzen hervorrufen. Eine Kombination mit Beilagen wie Reis, Nudeln, Kartoffeln oder Gemüse ist daher sinnvoll.

Es sollten nur Pilze mitgenommen werden, die in einwandfreiem Zustand und weder zu jung noch zu alt sind.
Bei sehr jungen Fruchtkörpern sind die typischen Merkmale noch nicht ausgebildet. Ihr Erkennen setzt einige Erfahrung voraus. Bei alten Exemplaren wölben sich die Hutränder nach oben (bei »Hutpilzen«). Auch verändern sich die Farben und das Pilzfleisch wird weich oder verdirbt. Beim Zersetzen des Pilzeiweißes entsteht ein ekelhaft fauliger Geruch (Riechprobe), den man nicht so schnell vergisst.

Essen Sie nur Speisepilze, die Sie mithilfe des Buches einwandfrei erkannt haben.
Im Buch werden die Pilze in ihrer typischen Ausbildung gezeigt. Wenn sie anders aussehen, kann es sich um verwandte, unbekömmliche oder giftige Arten handeln.

Verwenden Sie anfangs nur Röhrlinge und meiden Sie solche mit roten Röhrenmündungen (Hutunterseite).
Ein Irrtum wäre nicht lebensbedrohend, da in Europa keine tödlich giftigen Röhrlinge vorkommen. Zu den rotporigen Arten zählen gute Speisepilze (Hexen-Röhrlinge), aber auch solche, die starke Verdauungsstörungen hervorrufen (Satans-Röhrling).

Prägen Sie sich die Merkmale der im Buch enthaltenen ungenießbaren Röhrlingsarten genau ein.
Bitter schmeckende Arten wie Gallen-Röhrling und Schönfuß-Röhrling verderben schon in geringer Menge das Pilzgericht.

Meiden Sie anfangs alle Lamellenpilze.
Zu ihnen gehören tödliche Giftpilze, besonders einige Knollenblätterpilze.

Wichtig
Bei Auftreten gesundheitlicher Probleme nach einer Pilzmahlzeit (siehe »Pilzvergiftungen und Giftpilze«, S. 10) bitte umgehend einen Arzt oder ein Krankenhaus aufsuchen. Zur Nachbestimmung durch einen Fachmann sollten unbedingt Pilzreste oder Erbrochenes aufgehoben und vorgelegt werden. Erste Ratschläge erhält man auch über den allgemeinen Giftnotruf.

Wann und wo kann ich Pilze finden

Pilze können fast zu jeder Jahreszeit fruktifizieren, bleiben aber aus, wenn die Witterungsverhältnisse ungünstig sind. Die standardmäßige Hauptpilzzeit, die den meisten Pilzarten zusagt, ist bekanntermaßen der Herbst (August bis Oktober). Ein feuchter Sommer (Juni bis Juli) kann schon früher interessante Pilzarten hervorbringen. Pfifferlinge, einige Champignons und erste Röhrlinge, wie Netzstieliger Hexen-Röhrling und Rotfuß-Röhrling, gehören dazu. Das Frühjahr gehört den spezialisierten Spitz- und Speise-Morcheln (April bis Mai) und bald gesellt sich im Auwald auch der Maipilz dazu. Zuvor, etwa gegen Ende März, können im sandigen Kiefernwald erste Frühjahrs-Lorcheln gesichtet werden. Während Morcheln und Frühjahrs-Lorcheln nur einmal im Jahr Fruchtkörper hervorbringen, so gibt es Arten, die mehrmals im Jahr erscheinen können. Dazu gehören Violetter Rötelritterling und Brauner Rasling. Letztendlich hat auch der Winter seine besonderen Pilzarten, die gewöhnlich erst nach leichteren Nachtfrösten ihre Fruchtkörper hervorbringen: Austern-Seitling, Gemeiner Samtfußrübling und Frost-Schneckling.

Man kann Pilze nicht nur ganzjährig, sondern auch fast überall finden. Natürlich sind Wälder bevorzugte Sammelorte. Auch Gärten und Parkanlagen können lohnend sein, sofern dort die entsprechenden Bäume wachsen. Etliche Pilzgattungen leben in einer Lebensgemeinschaft mit bestimmten Bäumen. Sie erscheinen am Erdboden in deren Wurzelbereich. Daher ist es sinnvoll, die wichtigsten Baumarten kennenzulernen. Eichen, Rotbuchen, Birken, Kiefern, Fichten, Lärchen und Tannen haben viele unterschiedliche Pilzpartner. Dort lohnt sich das Suchen immer. Ahorne, Erlen und Linden sind von untergeordnetem Interesse, während Robinien und Spätblühende Traubenkirschen regelrecht pilzfeindlich sind. Sie reichern den Boden mit Stickstoff an und verhindern eine Symbiose mit Pilzen.

Wo es viele Stümpfe, Stämme oder anderes Totholz gibt, trifft man Holz abbauende Pilzarten an. Schwefelköpfe, Stockschwämmchen und viele andere fallen sofort auf, da sie gerne in dichten Gruppen auftreten.

Humus zehrende Pilze begegnen uns sowohl in Wäldern, Lichtungen und Waldwegen als auch in baumlosen Regionen, wie Wiesen, Weiden und Felder. Trockenrasen, arme Sandgruben, doch auch Feuchtwiesen, Moore und Sümpfe sind weitere Standorte, die besonders den fortgeschrittenen Pilzliebhaber locken.

Pilzvergiftungen und Giftpilze

Leichte Vergiftungen äußern sich schon innerhalb einer Stunde nach dem Verzehr, meist in Form von Magen- und Darmschmerzen, in schweren Fällen auch Übelkeit und Erbrechen. Am nächsten Tag erfolgt bereits die Erholung, ohne dass Schäden zurückbleiben. Die Giftstoffe sind in diesen Fällen nicht immer bekannt.

Für Erscheinungen wie Krämpfe, Sehstörungen, Speichelfluss, Atemnot und Delirien sind Fliegenpilz, Pantherpilz, Ziegelroter Risspilz und Rinnigbereifter Trichterling verantwortlich. Sie enthalten Nervengifte (Ibotensäure, Muscarin u.a.). Der Verzehr größerer Mengen kann zum Tod führen, obwohl eine Schädigung innerer Organe nicht die Regel ist. Erste Anzeichen zeigen sich gewöhnlich innerhalb einer Stunde.

Am gefährlichsten sind Vergiftungen mit dem Grünen Knollenblätterpilz und seinen Verwandten. Je nach verzehrter Menge beträgt die Latenzzeit einige Stunden bis zu mehreren Tagen. Die in den Pilzen enthaltenen Zellgifte (Amanitin, Phalloidin) zerstören die Leber. Viele Vergiftungen führen daher zum Tod des Patienten. Zumindest bleiben Organschäden zurück. Einige kleine Schirmlinge und der Nadelholz-Häubling enthalten die Gifte ebenfalls.

Zu den Sonderfällen zählen Pilzarten, deren Inhaltsstoffe Allergien hervorrufen können. Hier ist besonders der Kahle Krempling zu erwähnen, der lange Zeit als Marktpilz gehandelt wurde. Mehrmaliger, reichlicher Genuss kann nach einem komplizierten Prozess die Auflösung der roten Blutkörper bewirken. Personen mit organischen Schwächen (z.B. Leberschäden) können daran sterben.

Der Graue Tintling ist ein weiterer Sonderfall, da sein Genuss in Verbindung mit Blutalkohol zur sog. Antabuswirkung führen kann. Der verantwortliche Inhaltsstoff Coprin bewirkt vorübergehend Gesichtsrötung, Herzklopfen und eventuell Atemnot.

Umweltgifte

Hier wären Schwermetalle und radioaktives Cäsium zu nennen. Pilze können über ihr fein verteiltes Myzel nicht nur Wasser, sondern auch Schadstoffe aus dem Erdreich ansammeln. Die Höhe der Belastung ist einerseits von der Pilzart und andererseits von der Gegend abhängig. Zum Glück sind Steinpilze und Pfifferlinge von der Radioaktivität eher weniger betroffen. Für Handelsware gelten Grenzwerte, deren Einhaltung durch Stichproben kontrolliert wird.

Naturschutz

Wie Tiere und Pflanzen, so sind auch diverse Pilzarten in ihrem Bestand gefährdet. Das ist im Wesentlichen auf die Zerstörung oder Veränderung ihrer Lebensräume zurückzuführen. Massenhaftes, unsachgemäßes Sammeln trägt dazu bei. In Ballungsgebieten ist deshalb ein deutlicher Rückgang der Pilze zu verzeichnen.
Grundsätzlich kann zwischen gesetzlichem Artenschutz (Artenschutzverordnung) und Gefährdungskategorien (Rote Listen) unterschieden werden. Die Daten werden ständig ergänzt.

Artenschutz
A: In Deutschland vollständig geschützt; Sammeln verboten.
B: In Deutschland eingeschränkt geschützt (gesch.); Sammeln nur für den Eigenbedarf in angemessener Menge gestattet; Handel und Verkauf von in Deutschland gesammeltem Wildmaterial verboten.
Arten der Kategorie A sind in diesem Buch nicht enthalten.

Gefährdungskategorien
RL 0: Verschollen, in Deutschland seit 1950 vermisst.
RL 1: Vom Aussterben bedroht.
RL 2: Stark gefährdet.
RL 3: Gefährdet.
RL 4: Latent gefährdet (Rarität).

Leider sind auch im Buch enthaltene Arten betroffen. Hier einige Beispiele:
Boletus calopus, Schönfuß-Röhrling RL 3
Boletus edulis, Gemeiner Steinpilz (gesch.)
Boletus satanas, Satans-Röhrling RL 2
Calvatia utriformis, Hasen-Stäubling RL 3
Cantharellus cibarius, Echter Pfifferling (gesch.)
Gomphidius roseus, Rosenroter Gelbfuß RL 3
Leccinum rufum, Espen-Rotkappe (gesch.)
Leccinum scabrum, Gemeiner Birkenpilz (gesch.)
Leccinum versipelle, Heide-Rotkappe (gesch.)
Morchella conica, Spitz-Morchel (gesch.)
Morchella esculenta, Speise-Morchel (gesch.)
Morchella gigas, Halbfreie Morchel (gesch.)
Ramaria pallida, Blasse Koralle RL 3

Einerseits erscheint der Schutz häufiger, überall vorkommender Arten übertrieben (z.B. Gemeiner Birkenpilz), andererseits werden Naturschutzbestimmungen oft missachtet. Wer sich an die Regeln hält (siehe »Pilze sammeln und verwerten«, S. 7), belastet sein Gewissen nicht unnötig.

Lebensweise der Pilze

Neben Pflanzen und Tieren bilden Pilze ein eigenes Reich (Fungi). Sie gehören zu den Sporenträgern (Kryptogamen). Dieses Buch behandelt sog. Höhere Pilze (Großpilze), die für den Pilzfreund und Sammler interessant sind. Alle weiteren Ausführungen beziehen sich auf diese Pilzgruppe, von der in Mitteleuropa mehrere Tausend Arten bekannt sind.

Pilze enthalten kein Chlorophyll und ihre Zellwände bestehen hauptsächlich aus der Käfersubstanz Chitin. Der Organismus Pilz besteht aus sehr feinen, meist farblosen Zellfäden, dem **Myzel**. Eine Ausnahme bildet unter anderem der Hallimasch. Er entwickelt auffällige schwarzbraune, wurzelähnliche Stränge **(Rhizomorphen),** mit denen er unter der Rinde am Stamm hochwandert.

Das Myzel lebt dauerhaft in der Erde oder anderen Substraten (z. B. Holz). Unter günstigen Bedingungen bildet es oberirdische (bei einigen Gruppen auch unterirdische) Fruchtkörper. In oder an diesen entwickeln sich Millionen von mikroskopisch kleinen **Sporen.** Sie werden in die Luft abgegeben und sorgen für die Verbreitung der Art.

Myzel

Rhizomorphen des Hallimasch

An windstillen Tagen setzen sich die Sporen massenhaft in direkter Umgebung oder auf darunterliegenden Pilzhüten ab. Die Farbe des **Sporenpulvers** wird in einigen Pilzbeschreibungen angegeben. Sie dient als zusätzliches Bestimmungsmerkmal. Die Röhren, Lamellen, Stacheln oder Leisten an der Unterseite der »Hutpilze« dienen der Vergrößerung der Oberfläche, um möglichst viele Sporen ausbilden zu können. Bei den zu den »Bauchpilzen« gehörenden Bovisten und Stäublingen reifen die Sporen im Innern der Fruchtkörper und zerstäuben bei Berührungen.

Viele Speise- und Giftpilze leben in einer Symbiose mit Bäumen (Mykorrhiza). Das Myzel umschließt die feinen Endwurzeln des Baumpartners, wodurch ein Stoffaustausch stattfinden kann. Der Pilz bezieht so seine Nahrung und unterstützt den Baum bei der Wasseraufnahme. Zu den Mykorrhizapilzen gehören Röhrlinge, Knollenblätterpilze, Milchlinge, Täublinge, Leistlinge, Stachelpilze und viele andere. Sie wachsen nur unter bestimmten Bäumen und verschwinden, wenn ihr Baum stirbt.

Sporen des Gemeinen Steinpilzes

Ausgefallenes Sporenpulver

Absterbendes oder totes Holz, Humus, Laubstreu, Kompost und andere organische Materialien bilden die Nahrung der zersetzenden Pilzarten (Saprobionten). Sie besiedeln humosen Waldboden, Wiesen, Felder, Baumstämme, Stümpfe oder viele andere Substrate.

Parasiten oder Schwächeparasiten dringen über Verletzungen der Rinde oder Wurzel in lebende Bäume ein und bringen sie allmählich zum Absterben. Holz bewohnende Pilzarten ernähren sich von den beiden Hauptsubstanzen, Lignin und Zellulose. Wird zuerst das Lignin aufgezehrt, färbt sich das Holz hell und wird längsfaserig **(»Weißfäule«). »Braunfäule«** entsteht, wenn erst die Zellulose aufgebraucht wird. Das Holz wird dann dunkelbraun und zerfällt später pulverartig. Der im Buch beschriebene Schwefel-Porling ist ein typischer Braunfäule-Erreger, während Hallimasch und viele andere Lamellenpilze Weißfäule-Erreger sind.

Weißfäule

Braunfäule

Wichtiger Hinweis
Die Angaben zum Speisewert der in diesem Buch behandelten Pilzarten entsprechen dem heutigen Kenntnisstand und der langjährigen Erfahrung des Autors. Wer selbst gesammelte Pilze verzehrt, handelt dennoch immer auf eigene Verantwortung. Niemand kann wissen, ob der Sammler die richtigen Arten verwendet hat und in welchem Zustand sie waren. Auch selten vorkommende, individuelle Unverträglichkeiten gegenüber herkömmlichen Speisepilzen können nicht vorausgesagt werden. Wir warnen vor der Verwendung zu alter Exemplare, besonders aber vor Rohverzehr. Das Prädikat »essbar« bezieht sich nur auf übliche Mengen vorschriftsmäßig zubereiteter Pilze durch vorheriges Abkochen, Dünsten, Braten oder andere Maßnahmen.

Speisewert-Angaben im Buch:

 essbar

(🍴) bedingt essbar

✕ ungenießbar, umstritten

G giftig

☠ sehr giftig

Die Pilzgruppen:

 Röhrlinge

Lamellenpilze

Nichtblätterpilze

Pilze deutlich in Hut und Stiel geteilt – Hutunterseite porig (Röhrlinge)

Dickröhrlinge Seiten 26–33

Dickfleischige, oft dickstielige Röhrlinge. Hutunterseiten (Röhrenschicht, Poren) sind weiß, grünlich, gelb, rosa oder rot gefärbt, einige auf Druck stark blauend. Die Stiele sind auf der Oberfläche oft genetzt, seltener rotflockig oder glatt. Rotporige Arten können giftig sein (!).

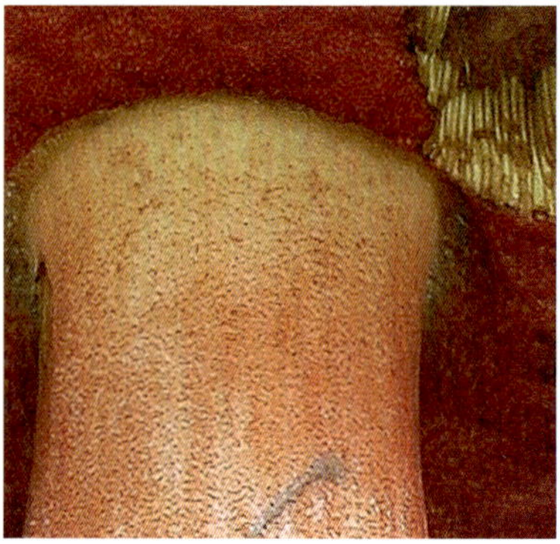

Raufußröhrlinge

Seiten 34–37

Fleischige Röhrlinge mit eher schlanken Stielen, deren Oberfläche mit feinen, abstehenden Schüppchen besetzt ist. Die Stiele machen dadurch einen rauen Eindruck. Unter den »Raufüßen« sind keine Giftpilze bekannt.

Schmier- und Filzröhrlinge

Seiten 38–47

Kleinere, weniger fleischige Röhrlinge. Die Hutoberflächen sind bei feuchter Witterung schmierig-schleimig oder trocken und matt, filzig, seltener auch feinschuppig. Einige Arten können Stielringe aufweisen. Keine giftigen Arten.

Pilze deutlich in Hut und Stiel geteilt – Hutunterseite lamellig (Lamellenpilze u. a.)

Knollenblätterpilze, Schirmlinge Seiten 48–63

Lamellenpilze mit weißlichen Lamellen, die den Stiel nicht berühren (Freiblättler). Die Stiele sind oft beringt. **Knollenblätterpilze:** Stiele oft mit abgesetzter oder hautartig umhüllter, knolliger Basis. **Schirmlinge:** Lamellen deutlich frei, Stielknolle (falls vorhanden) kaum strukturiert.

Champignons (Egerlinge)

Seiten 64–69

Die Lamellen sind rosa, graurosa oder schokoladenbraun gefärbt und berühren den Stiel nicht (Freiblättler). Die Stiele sind gewöhnlich mit aufsteigenden oder herabhängenden Ringen versehen. Zur Unterscheidung sollte beachtet werden, dass sich das Fleisch an Verletzungen gelb oder rot verfärben kann.

Holz bewohnende Lamellenpilze Seiten 70–80

An lebendem oder totem Laub- oder Nadelholz wachsend (Stämme, Stümpfe, Äste), gelegentlich an Wurzeln oder vergrabenem Totholz. Oft büschelig oder gesellig wachsend. Die Lamellen sind am Stiel angewachsen.

Boden bewohnende Lamellenpilze Seiten 81–91

Büschelig, gesellig oder einzeln auf Erde wachsend (blanker Erdboden, Humus, zwischen Moosen, Gräsern usw.), ohne Verbindung zu Holz. Die Lamellen sind am Stiel angewachsen.

Milchlinge und Täublinge

Seiten 92–99

Boden bewohnende, Lamellen tragende Pilze mit brüchigem Fleisch. **Milchlinge:** Bei Verletzung unterschiedlich gefärbten Milchsaft absondernd. **Täublinge:** Hüte oft bunt gefärbt, Fleisch ohne Milchsaft, Lamellen bei Berührung meist unelastisch wegsplitternd.

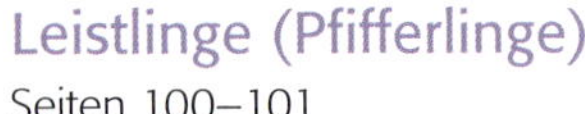

Leistlinge (Pfifferlinge)

Seiten 100–101

Zu den Nichtblätterpilzen gehörende Bodenbewohner mit dicklichen »Leisten« an der Hutunterseite. Diese weisen oft Querverbindungen und Gabelungen auf und sind äußerlich nicht immer von echten Lamellen zu unterscheiden.

Pilze deutlich in Hut und Stiel geteilt – Hutunterseite stachelig

Stachel- oder Stoppelpilze Seiten 102–103

Zentral gestielte Bodenbewohner. Fruchtkörper softfleischig oder mürbe, mit brüchigen Stacheln. Ungenießbare »Korkstachelinge« mit holzig-zähem Fleisch werden hier nicht behandelt.

Pilze deutlich in Hut und Stiel geteilt – Hüte ohne definierbare Unterseite

Morcheln und Lorcheln Seiten 104–107

Boden bewohnende Frühjahrspilze (Schlauchpilze) mit brüchigem Fleisch. **Morcheln:** Hüte wabenartig und Fruchtkörper durchgehend hohl. **Lorcheln:** Hüte mit nach außen gewundenen, gehirnartigen Windungen und vielen kleineren Hohlräumen.

Einteilung in Hut und Stiel nicht erkennbar

Andere Nichtblätterpilze Seiten 108–117

Pilzformen mit sehr unterschiedlichem Aufbau, an Konsolen, Korallen, Keulen, Knollen oder Kugeln erinnernd.

Gemeiner Steinpilz, Fichten-Steinpilz *Boletus edulis* ①

Steckbrief: Hut 5–25 cm breit, hell bis dunkel rotbraun, selten fleckig-weißlich, Huthaut trocken bis schwach klebrig; Röhrenschicht jung weiß, dann gelblich bis olivgrünlich; Stiel kompakt, heller als der Hut, besonders im oberen Teil mit feiner, weißer Netzzeichnung; Fleisch weiß, im Anschnitt unveränderlich; Geruch und Geschmack angenehm pilzartig.
Lebensweise: Wurzelsymbiose mit Fichten oder Kiefern, seltener Birken; ohne besondere Bodenansprüche; Juli–November.
Speisewert: Essbar; sehr wohlschmeckend, für alle Zubereitungs- und Konservierungsarten geeignet. Rohverzehr ist nicht zu empfehlen.
Verwechslung: Gallen-Röhrling (S. 28), mit bitterem Geschmack, ungenießbar; Satans-Röhrling (S. 32), Hut weiß, mit roter Röhrenschicht, giftig; Schönfuß-Röhrling (S. 33), Röhrenschicht gelb, Stiel rot genetzt, bitter und ungenießbar.

Sommer-Steinpilz, Eichen-Steinpilz *Boletus reticulatus (B. aestivalis)* ②

Dem Gemeinen Steinpilz sehr ähnlich und im Speisewert ebenbürtig. Das blasse Stielnetz ist gewöhnlich deutlicher ausgeprägt. Der Pilz erscheint im Laubwald unter Eichen und kann bereits ab Mai (bis September) wachsen.

1

2

✕ Gallen-Röhrling *Tylopilus felleus*

Steckbrief: Hut 5–15 cm breit, fahl braun, kartonbraun, Huthaut matt, trocken; Röhrenschicht erst weiß, dann rosa bis fleischfarben; Stiel schlank bis kompakt, oft olivgelblich, mit grober, dunklerer Netzzeichnung; Fleisch weißlich, im Anschnitt nicht verfärbend; Geruch neutral pilzartig; Geschmack bitter.

Lebensweise: Wurzelsymbiose mit Nadelbäumen, meist Kiefern oder Fichten; ohne besondere Bodenansprüche; Juni–Oktober.

Speisewert: Ungenießbar, wegen der Bitterkeit; ein Verzehr größerer Mengen soll auch zu Magen-Darm-Störungen führen.

Wissenswertes: Gallen-Röhrlinge erscheinen oft etwas früher als die ersten Steinpilze. Sie sind, auch weil sie kaum madig sind, sehr verführerisch. Aber ein einziger Pilz verdirbt das ganze Pilzgericht. Besonders junge Exemplare mit noch nicht rosa gefärbten Röhren können sehr leicht für Steinpilze gehalten werden. Im Zweifel kann eine kleine Kostprobe oder Anlecken einer Schnittstelle die Bestimmung erleichtern. Manche Menschen können den Bitterstoff aus physiologischen Gründen nicht schmecken. Der Verzehr einer geringen Menge wäre zwar ungefährlich, doch der Geschmack des Gallen-Röhrlings ist nicht attraktiv.

Flockenstieliger Hexen-Röhrling, Schusterpilz 

Boletus (Neoboletus) erythropus

Steckbrief: Hut 5–20 cm breit, einfarbig dunkel rotbraun, Huthaut trocken, samtig; Röhrenschicht blutrot, auf Druck blauend; Stiel auf gelblichem Grund fein rotflockig, ohne Netzmuster, Basis mit striegeligem Myzelfilz; Fleisch gelblich, im Schnitt schnell tintenblau anlaufend; Geruch und Geschmack unauffällig.
Lebensweise: Wurzelsymbiose mit Laub- und Nadelbäumen, Eichen, Rotbuchen, Fichten und Kiefern; besonders auf sauren Böden; Juni–Oktober.
Speisewert: Essbar; wohlschmeckend und festfleischig. Beim Erhitzen wird das Fleisch appetitlich hellgelb.
Verwechslung: Satans-Röhrling (S. 32), Hut weiß, mit roten Röhren und rot genetztem Stiel, giftig. Ohne Erfahrung sollten keine rotporigen Röhrlinge gesammelt werden.

Netzstieliger Hexen-Röhrling *Boletus (Suillellus) luridus* 

Er unterscheidet sich durch netzartig gezeichneten Stiel und meist hellerem, typisch olivbräunlichen Hut. Man findet ihn bereits ab Juni, gerne auf lehmigen oder neutralen bis kalkhaltigen Böden in Parkanlagen, unter Eichen oder Linden.

1

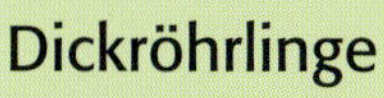

1

1

G Satans-Röhrling *Boletus (Rubroboletus) satanas*

Steckbrief: Hut 8–25 cm breit, kalkweiß oder weißlich, Huthaut trocken, glanzlos; Röhrenschicht blutrot, selten gelblich, bei Berührung schwach blauend; Stiel kompakt, rot-gelb abgesetzt, mit rötlicher Netzzeichnung; Fleisch weißlich bis strohgelb, im Anschnitt schwach blauend; Geruch jung süßlich-fruchtig, dann schwach nach Aas; Geschmack mild.

Lebensweise: Wurzelsymbiose mit Eichen oder Rotbuchen; wärmeliebend, selten; nur auf kalkhaltigen Böden; Juli–September (Oktober).

Giftigkeit: Giftig, doch nicht lebensbedrohend; Verzehr kann heftige Magen-Darm-Störungen hervorrufen sowie Übelkeit und Erbrechen.

Wissenswertes: Als wärmeliebende Art ist der Satans-Röhrling besonders in Süd- und Westdeutschland verbreitet. Es sind aber auch wenige Funde im norddeutschen Raum bekannt. Er sollte wegen seiner Seltenheit geschont werden. Die (nicht immer) blutroten Röhren gleichen denen der essbaren Hexen-Röhrlinge (S. 30), deren Fleisch viel stärker blaut. Der hellhütige Schönfuß-Röhrling (S. 33) ist ein häufiger Bewohner des Nadelwaldes. Er unterscheidet sich durch leuchtend gelbe Röhren und ist wegen seiner Bitterkeit ungenießbar.

× Schönfuß-Röhrling *Boletus (Caloboletus) calopus*

Steckbrief: Hut 5–15 cm breit, weißlich, hellgrau oder grau-ocker, Huthaut matt, trocken; Röhrenschicht jung zitronengelb, beim Reifen olivgelblich bis olivgrünlich, auf Druck schwach blauend; Stiel auffallend bunt, auf gelbem Grund mit rötlichem oder gelblichem Stielnetz überzogen, Stielspitze gelb abgesetzt; Fleisch weißlich oder blass gelblich, im Anschnitt etwas blaugrün; Geruch neutral pilzartig; Geschmack fast mild bis bitterlich.

Lebensweise: Wurzelsymbiose mit Laub- und Nadelbäumen; unter Fichten, Tannen oder Rotbuchen zu finden; auf sauren Böden, häufig im Gebirge auftretend, im Flachland selten; Juli–Oktober.

Speisewert: Ungenießbar, wegen seines bitteren Geschmacks; ungenügend erhitzt schwach giftig.

Wissenswertes: Überalterte, bei feuchtem Wetter gesammelte Exemplare des Schönfuß-Röhrlings sind manchmal schwer zu erkennen, zumal der bittere Geschmack dann durch die Verwässerung schwach ist oder fehlt. Helle, fast weißhütige Pilze könnten für den giftigen Satans-Röhrling (S. 32) gehalten werden, unterscheiden sich aber durch die gelben Röhren. Die essbaren Hexen-Röhrlinge (S. 30) blauen viel stärker und besitzen rote Röhren.

Gemeiner Birkenpilz *Leccinum scabrum*

Steckbrief: Hut 4–12 cm breit, graubraun, rehbraun oder schwarzbraun, seltener silbergrau oder weißlich, Huthaut glatt bis feinsamtig, trocken, alt auch klebrig; Röhrenschicht schmutzig weißlich, bald nachdunkelnd, im Alter polsterförmig hervorschauend; Stiel schlank, auf hellem Grund mit dunklen, rauen Schüppchen dicht besetzt; Fleisch weiß, im Anschnitt meist unverändert; Geruch und Geschmack neutral pilzartig.
Lebensweise: Wurzelsymbiose mit Birken; ohne besondere Bodenansprüche, folgt der Birke gern auf feuchte Moorböden; Juni–Oktober.
Speisewert: Essbar; geschmacklich von mittlerer Qualität.
Wissenswertes: Die Art ist sehr variabel und wird in etliche Unterarten und Varietäten eingeteilt. Gelegentlich färben sich Fleischanschnitte schwach rosa und Exemplare von Moorstandorten zeigen oft eine blaugrünliche Stielbasis. Birkenpilze kann man (genau wie seinen Begleitbaum) in fast jeder Waldformation finden. Daher sind sie überall häufig und werden viel gesammelt. Ältere Exemplare, erkennbar an den polsterförmig unter dem Hut hervorschauenden Röhren, sind meist weich, schwammig oder gar matschig. Sie sollten stehen bleiben, weil sie in der Bratpfanne regelrecht zerfließen.

Heide-Rotkappe, Birken-Rotkappe *Leccinum versipelle* ①

Steckbrief: Hut 5–20 cm breit, leuchtend orange, ziegelrot oder gelbbräunlich, Huthaut matt bis fein schorfig, trocken, am Rand jung saumartig überhängend (!); Röhrenschicht anfangs dunkel graugelblich, dann aufhellend; Stiel auf weißem Grund schwarzschuppig, bei Berührung oder angeschnitten erst blauend, dann schwärzend; festfleischig; Geruch und Geschmack angenehm.
Lebensweise: Wurzelsymbiose mit Birken; in typischen Heidelandschaften mit Heidekraut und Blaubeere, besonders auf sauren, sandigen Böden; Juni–Oktober.
Speisewert: Essbar; wohlschmeckend und festfleischig. Das schwärzlich verfärbte Fleisch wird beim Braten wieder hell.
Wissenswertes: Rotkappen sind leider nur noch lokal häufig. Durch Festfleischigkeit und Wohlgeschmack sind sie gegenüber Birkenpilzen die besseren Speisepilze.

Espen-Rotkappe, Weißstielige Rotkappe ②
Leccinum rufum (L. leucopodium)

Die Espen-Rotkappe wächst unter Zitterpappeln, seltener auch Schwarzpappeln. Sie ist der Heide-Rotkappe im Speisewert ebenbürtig. Ihre Röhrenschicht ist auch jung weiß und die weißen Stielschüppchen werden bald rötlich. Das angeschnittene Fleisch rötet erst, bevor es schwärzt.

①

1

2

Butter-Röhrling *Suillus luteus* ①

Steckbrief: Hut 4–12 cm breit, dunkelbraun, mit zunehmendem Alter auch gelbbraun, selten schon jung hellgelb, Huthaut schmierig bis schleimig, gut abziehbar; Röhrenschicht gelb, nachdunkelnd; Stiel mit violettbraunem, aufsteigendem Ring, oberhalb des Ringes gelb abgesetzt und durch Guttationstropfen dunkel punktiert; Fleisch weiß, weichlich; Geruch und Geschmack neutral pilzartig.
Lebensweise: Wurzelsymbiose mit Kiefern; besonders häufig auf nährstoffarmen Sandböden; August–November.
Speisewert: Essbar; wohlschmeckender, guter Speisepilz, wenn nicht zu alt. Die Huthaut sollte stets abgezogen werden, was bei dieser Art leicht möglich ist. Mehrmaliger, reichlicher Genuss kann (in seltenen Fällen und nicht bei allen) zu allergieartigen Beschwerden führen. Der Pilz sollte dann gemieden werden.

Gold-Röhrling *Suillus grevillei* 

Der häufige Pilz ist durch gelbe, goldgelbe oder orangene Hutfarbe und weniger ausgeprägten, schleimigen Stielring deutlich vom Butter-Röhrling unterscheidbar. Er wächst in Symbiose mit Lärchen. Auch hier ist ein Abziehen der schleimigen Huthaut ratsam. Guter Mischpilz.

①

1

2

Kuh-Röhrling *Suillus bovinus* ①

Steckbrief: Hut 3–10(15) cm breit, lederfarben, kuhrötlich, Huthaut klebrig-schmierig; Röhrenschicht rostocker, nachdunkelnd, mit groben, bald rhombisch-eckigen Poren; Stiel wie Hut gefärbt; Fleisch blass ocker, etwas zäh; Geruch und Geschmack unauffällig.

Lebensweise: Wurzelsymbiose mit Kiefern; auf Sandböden oft massenhaft erscheinend; Juni–November.

Speisewert: Essbar; geschmacklich eher minderwertig, daher nur jung als Mischpilz zu empfehlen.

Rosenroter Gelbfuß *Gomphidius roseus* ②

Der kleine Lamellenpilz mit hellrotem Hut wächst oft in direkter Gesellschaft des Kuh-Röhrlings. Seine zugespitzte Stielbasis ist innen chromgelb gefärbt. Er darf nicht mit scharf schmeckenden, rothütigen Spei-Täublingen (S. 96) verwechselt werden.

Körnchen-Röhrling *Suillus granulatus* ③

Hut gelblich-bräunlich, schmierig. Stiel und Röhren sind jung auf ganzer Länge mit hellen Guttationstropfen besetzt, die dunkel eintrocknen. Die Art bevorzugt kalkhaltige Böden und wächst unter Kiefern.

2

3

Sand-Röhrling *Suillus variegatus* (1)

Steckbrief: Hut 4–10 cm breit, zitronengelb, semmelfarben oder olivocker, Huthaut samtig bis körnig-filzig (wie besandet), trocken, nur bei länger anhaltendem Regen leicht schmierig; Röhrenschicht oft auffallend dunkler als bei anderen Röhrlingen, oliv- bis rostbraun; Stiel dem Hut gleichfarbig, etwas gemasert; Fleisch fahl gelblich, im Anschnitt schwach blauend; Geruch und Geschmack neutral bis säuerlich-pilzartig.

Lebensweise: Wurzelsymbiose mit Kiefern; sandige Böden bevorzugend; Juli–November.

Speisewert: Essbar; von mittelmäßiger Qualität, jung als Mischpilz gut verwendbar.

Ziegenlippe *Xerocomus subtomentosus*

Der Volksname bezieht sich auf die filzige, trockene Huthaut, die gelblich, rötlich oder oliv gefärbt sein kann. Die bei frischen Pilzen leuchtend gelbe Röhrenschicht besitzt relativ grobe, rundliche Poren. Angeschnittenes Fleisch oder gedrückte Röhren färben sich selten etwas blau. Gegenüber dem ähnlichen Gemeinen Rotfuß-Röhrling (S. 46) ist die Ziegenlippe wegen des neutralen Geschmacks und festeren Fleisches der bessere Speisepilz.

1

1

2

Maronen-Röhrling *Xerocomus badius (Imleria badia)*

Steckbrief: Hut 4–10 cm breit, rehbraun bis dunkel kastanienbraun, Huthaut matt, trocken, bei längerem Regen leicht schmierig; Röhrenschicht erst blass, dann zunehmend olivgrünlich, auf Druck blauend; Stiel bräunlich gemasert, ohne Netzzeichnung; Fleisch weißlich, im Anschnitt blauend; Geruch neutral pilzartig; Geschmack mild.

Lebensweise: Wurzelsymbiose mit Laub- und Nadelbäumen, Fichten, Kiefern, Rotbuchen oder Eichen; nicht auf Kalkböden; Juni–November.

Speisewert: Essbar; vergleichbar mit dem Steinpilz, doch geschmacklich kräftiger. Er sollte gut durchgebraten werden.

Wissenswertes: Der Maronen-Röhrling ist ein würdiger Ersatz für Steinpilze. Manche finden den kräftigen Geschmack sogar besser. In bestimmten Wetterlagen kann die Blaufärbung von Röhren und Fleisch ausbleiben. Eine solche Variante ist auf der rechten Seite abgebildet. Sammler sind dann oft verunsichert. Die Art ist aber an ihren äußeren Merkmalen immer gut erkennbar, besonders an der typischen Maserung des Stiels, die deutlich von der netzartigen Stielzeichnung des Steinpilzes abweicht. Maronen-Röhrlinge werden besonders gerne von Hasen angefressen, was man dem betroffenen Hut deutlich ansieht.

Gemeiner Rotfuß-Röhrling ①

Xerocomus (Xerocomellus) chrysenteron

Steckbrief: Hut 3–8 cm breit, in verschiedenen, meist helleren Brauntönen, stellenweise rötlich, besonders an Rissstellen der filzig-matten, trockenen Huthaut; Röhrenschicht gelb, nachdunkelnd; Stiel auf gelbem Grund rötlich überzogen; Fleisch relativ weich, gelblich, im Anschnitt mehr oder weniger blauend; Geruch unbedeutend; Geschmack säuerlich.

Lebensweise: Wurzelsymbiose mit Laub- und Nadelbäumen; überall häufig, in Wäldern und Parkanlagen; ohne spezielle Bodenansprüche; Juli–November.

Speisewert: Essbar; nicht besonders schmackhaft; Mischpilz.

Wissenswertes: Die variablen »Rotfüße« wurden aktuell in diverse Arten aufgeteilt, was für den Sammler schwer nachvollziehbar ist. Wichtige Arten sind: Blutroter Röhrling *(X. rubellus)*, Herbst-Rotfuß *(X. pruinatus)* und Falscher Rotfuß-Röhrling *(X. porosporus)*. Sie sind alle essbar.

Eichen-Rotfuß, Eichen-Filzröhrling *Xerocomus communis* ②

Abweichende Merkmale gegenüber dem Gemeinen Rotfuß-Röhrling sind: Stiel gelb, ohne Rottöne; Stielbasis innen rotorange. Er ist ein gut unterscheidbarer Eichenbegleiter, der häufig in Parks und Gärten vorkommt.

①

1

2

G Fliegenpilz *Amanita muscaria*

Steckbrief: Hut 8–15 cm breit, rot oder orange, selten gelb, oberseits mit weißen, vergänglichen Hutflocken; Lamellen weiß, den Stiel nicht ganz erreichend (frei); Stiel weiß, mit hängendem, häutigem Ring, Basis knollig verdickt, mit ringförmig verteilten Warzenkränzen; Fleisch weiß, unter der Huthaut mit gelber Zone; Geruch unauffällig.

Lebensweise: Wurzelsymbiose mit diversen Laub- und Nadelbäumen; ohne besondere Bodenansprüche; September–November.

Giftigkeit: Giftig durch Nervengifte (z. B. Ibotensäure); nach dem Verzehr können bald Lähmungen, Bewusstseinstrübungen, Atemnot, Schwindelgefühl oder Tobsuchtsanfälle auftreten; Todesfälle sind sehr selten.

Wissenswertes: Das Erscheinen von Fliegenpilzen kündigt den Herbst an. Entfärbte (gelbe) Exemplare, denen die Hutflocken fehlen, werden oft verkannt und sehr junge, geschlossene Fruchtkörper wurden schon für essbare Boviste gehalten. Man achte auf die rote, im Längsschnitt sichtbare Huthaut (Foto rechts). Rothütige, scharf schmeckende Täublinge (S. 96) besitzen weder Stielring noch Knolle. Einen roten Hut besitzt auch der essbare Kaiserling *(A. caesarea)*. Er ist mediterran verbreitet, in Deutschland aber sehr selten.

G Gelber Knollenblätterpilz *Amanita citrina* ①

Steckbrief: Hut 4–10 cm breit, blass gelblich, seltener weiß, mit flächigen, schwach bräunenden Hautresten; Lamellen weiß bis gelblich, den Stiel nicht erreichend (frei); Stiel wie Hut gefärbt, mit hängendem Ring, Basis knollig, mit umlaufender, scharfer Kante, seltener mit Hautresten; Fleisch weiß; Geruch auffallend nach Kartoffelkeller.

Lebensweise: Wurzelsymbiose mit diversen Laub- und Nadelbäumen; ohne spezielle Bodenansprüche; Juli–November.

Giftigkeit: Schwach giftig; enthält das Krötengift Bufotenin, welches vorübergehende Gefäßverengung und beschleunigte Herztätigkeit hervorruft. Erhitzen zerstört das Gift.

Verwechslung: Der harmlose Gelbe Knollenblätterpilz wird oft für den tödlich giftigen Grünen Knollenblätterpilz (S. 56) gehalten. Dieser besitzt eine häutig umhüllte Stielbasis, einen meist kahlen Hut und aufdringlich-süßlichen Geruch.

G Porphyrbrauner Wulstling *Amanita porphyria*

Als Verwandter des Gelben Knollenblätterpilzes enthält er ähnliche Inhaltsstoffe und ist auch schwach giftig. Man findet ihn seltener im bodensauren Nadel- und Mischwald. Hut und Stiel sind typisch porphyrbraun gefärbt.

①

1

2

Perlpilz, Rötender Wulstling *Amanita rubescens* ①

Steckbrief: Hut 5–15 cm breit, fahl gelbbräunlich bis fleischbraun, alt auch rotbraun, Rand ungerieft, Hutbelag hell fleischfarben, nie rein weiß, flächig oder flockig bis perlenartig aufgelöst; Lamellen weiß, bald leicht rötend, undeutlich frei; Stiel wie Hut gefärbt, mit hängendem, längs gerieftem Ring, Basis knollig, sanft in den Stiel übergehend, ohne Hüllreste; Fleisch weiß, rötend (besonders in Madengängen); Geruch unauffällig.

Lebensweise: Wurzelsymbiose mit Laub- und Nadelbäumen; in allen Waldtypen anzutreffen; Juni–Oktober.

Speisewert: Essbar; zartfleischig und wohlschmeckend; sollte nur jung verwendet werden, da er schnell verdirbt.

Verwechslung: Wer Perlpilze sammelt, muss den giftigen Pantherpilz (S. 54) kennen, dessen Fleisch nicht rötet. Sein rein weißer Hutbelag ist feinflockig verteilt.

Grauer Wulstling *Amanita excelsa* ②

Er unterscheidet sich vom Perlpilz durch graue oder grauweiße Hutflocken. Sein Fleisch rötet normalerweise nicht. Zum Verzehr ist er wegen seines rettichartigen Geschmacks weniger beliebt.

1

2

G Pantherpilz *Amanita pantherina*

Steckbrief: Hut 4–12 cm breit, hell bis dunkel erdbraun, selten fast farblos, mit weißen, regelmäßig verteilten Hutflocken, Rand kurz gerieft; Lamellen weiß, undeutlich frei; Stiel weiß, mit oft schmalem, glattem (nicht längs gerieftem) Ring, Basis mehr oder weniger knollig, tief in der Erde sitzend, mit umlaufendem Ringwulst, dem »Bergsteigersöckchen« (der Stiel erscheint dadurch wie eingepfropft); Fleisch weiß, mit rettichartigem Geruch.

Lebensweise: Wurzelsymbiose mit Laub- und Nadelbäumen; besonders auf Sandböden; Juli–Oktober.

Giftigkeit: Giftig; enthält Nervengifte (z. B. Ibotensäure), die sich beim Verzehr durch Lähmungen, Atemnot, Schwindelgefühl, Delirium und Bewusstseinsstörungen bemerkbar machen. Wegen des höheren Giftgehaltes sind Todesfälle häufiger.

Wissenswertes: In Gegenden mit schwereren Lehm- und Kalkböden ist der Pantherpilz kaum bekannt, da er Sandböden liebt. Die Stielknolle sitzt oft tief im Erdreich und ist nicht sichtbar. Daher sollten Knollenblätterpilze zur sicheren Bestimmung nie abgeschnitten, sondern vorsichtig mit der Stielbasis ausgegraben werden. In der Pilzberatungsstelle ist man dafür dankbar.

 Grüner Knollenblätterpilz *Amanita phalloides*

Steckbrief: Hut 4–15 cm breit, mit verschiedenen gelb- oder braungrünen Farbtönen, auch messingfarben, nur selten mit weißen Hautresten; Lamellen weiß, den Stiel nicht ganz erreichend (frei); Stiel weißlich bis gelbgrünlich, Oberfläche oft zackig aufreißend (genattert), mit knolliger, hautartig umhüllter Basis; Fleisch weiß, mit aufdringlich süßlichem Geruch.

Lebensweise: Wurzelsymbiose mit Laubbäumen (Eiche, Rotbuche), selten auch Nadelbäumen; in Wäldern, Gärten und Parks; ohne besondere Bodenansprüche; Juli–Oktober.

Giftigkeit: Tödlich giftig, die Zellgifte (Amanitine, Phalloidine) schädigen innere Organe und zerstören bevorzugt die Leber. Erste Vergiftungssymptome treten, je nach konsumierter Menge, nach wenigen Stunden bis zu einigen Tagen auf. Der Verlauf einer Vergiftung ist sehr quälend.

 Weißer Knollenblätterpilz *Amanita phalloides* var. *verna*

Selten findet man am selben Standort völlig weiße Exemplare, die in allen anderen Merkmalen der grünen Normalform entsprechen. Da die Varietät (siehe Bild rechte Seite unten) schon früh im Jahr auftreten kann, wird sie als »Frühlings-Knollenblätterpilz« bezeichnet. Sie darf nicht mit essbaren Champignons verwechselt werden.

Parasolpilz, Gemeiner Riesenschirmling

Macrolepiota procera

Steckbrief: Hut 10–30 cm breit, beigefarben, blass bräunlich, mit konzentrischen, anliegenden Schuppen, Scheitel zitzenartig gebuckelt; Lamellen weißlich, frei, vom Stiel zusätzlich durch einen ringförmigen Wulst (Collar) getrennt; Stiel bräunlich, gerade und lang, mit doppeltem, im Alter verschiebbarem Ring, außen natterartig gemustert, hohl, Basis knollig, in den Hut wie eingepfropft; Fleisch weiß bis blass holzfarben, im Anschnitt nicht rötend; Geruch angenehm würzig.
Lebensweise: Humuszehrer; von Bäumen unabhängig, auf lichten Waldstellen, Wiesen und Feldern wachsend; Juli–Oktober.
Speisewert: Essbar; wohlschmeckend; nur Hüte verwenden. Die zähen Stiele können getrocknet zu Pilzpulver verarbeitet werden. Hüte sind gut zum Panieren und Ausbacken geeignet. Sehr selten führt der Genuss des Parasolpilzes zu Unwohlsein und Gleichgewichtsstörungen. Er sollte dann gemieden werden.
Wissenswertes: Der Parasolpilz hat in Mitteleuropa keinen wirklich gefährlichen Doppelgänger. Im Herbst wächst eine ähnliche, zierliche Art, deren Huthaut nur am Rande grob sternförmig aufreißt: Rickens Riesenschirmling *(M. rickenii)*. Sie ist ebenfalls essbar. Safran-Schirmling (S. 60) und Garten-Schirmling (S. 60) unterscheiden sich durch rötendes Fleisch.

Safran-Schirmling *Macrolepiota rhacodes (Chlorophyllum rachodes)* ①

Steckbrief: Hut 8–15 cm breit, bräunlich, mit abstehenden, beinahe wolligen, konzentrischen Schuppen, unterhalb der Schuppen heller; Lamellen weißlich-cremefarben, frei, vom Stiel durch Ringwulst (Collar) getrennt; Stiel blass, glatt, hohl, mit doppeltem, im Alter beweglichem Ring, Basis knollig verdickt; Fleisch weißlich, verletzt schnell safranrötlich anlaufend; Geruch unauffällig.
Lebensweise: Humuszehrer; gesellig im Laub- und Nadelwald erscheinend; August–November.
Speisewert: Essbar; weniger schmackhaft als der Parasolpilz.

Garten-Schirmling *Macrolepiota bohemica (Chlorophyllum brunneum)* ②

Diese Art ist gedrungener als der Safran-Schirmling und rötet nur schwach. Die Stielknolle ist stärker ausgeprägt und mit Erdresten behaftet. Unterschiede zeigen sich auch in der Beschaffenheit des Stielringes, der unterseits braun gefärbt ist. Der Pilz wächst auf nährstoffreichen Gartenböden, selbst am Rande von Misthaufen. Letzterer Standort ist für den Verzehr nicht gerade einladend. Einige Personen vertragen den Pilz nicht, was sich durch Verdauungsstörungen bemerkbar macht. Obwohl keine giftigen Inhaltsstoffe bekannt sind, sollte er besser gemieden werden.

1

2

✕ Stink-Schirmling, Kamm-Schirmling *Lepiota cristata* ①

Steckbrief: Hut 2–5 cm breit, auf weißem Untergrund mit dunkel rotbraunen Schüppchen; Lamellen weiß, den Stiel nicht erreichend (frei); Stiel blass, mit trichterförmig aufsteigendem Ring; Fleisch unveränderlich weiß; Geruch unangenehm stechend-metallisch.

Lebensweise: Humuszehrer; gesellig an grasigen Stellen in Laub- und Nadelwäldern sowie Parks und Gärten wachsend; Mai–Oktober.

Speisewert: Ungenießbar, schon wegen des unangenehmen Geruchs.

Verwechslung: Die Gattung der kleinen, oft hübsch anmutenden Schirmlinge beherbergt sehr giftige Arten. Sie können organzerstörende Gifte enthalten und sind alle zu meiden.

✕ Gelbflockiger Wollstiel-Schirmling *Lepiota magnispora* ②

Ähnlich dem Stink-Schirmling, etwas größer und mit ringlosem, wollig überzogenem Stiel. Der Geruch ist nicht auffallend.

☠ Fleischrosa Schirmling *Lepiota subincarnata* ③

Mit kahlem, fleischrosa gefärbtem Hut und hell gegürteltem Stiel, ohne hautartigen Ring. Ein wenig auffallender, doch sehr giftiger Schirmling. Er enthält ähnliche Giftstoffe (Amatoxine) wie der Grüne Knollenblätterpilz (S. 56).

2

3

Wiesen-Champignon, Feld-Egerling *Agaricus campestris* ①

Steckbrief: Hut 3–8 cm breit, weiß, Huthaut seidig bis radialfaserig, selten etwas schuppig; Lamellen erst kräftig rosa, dann schokoladenbraun, frei; Stiel weiß, mit schmalem, bisweilen fehlendem Ring, Basis zugespitzt; Fleisch weiß, kaum verfärbend; Geruch angenehm pilzartig.

Lebensweise: Humuszehrer; auf natürlich gedüngten Wiesen und Feldern wachsend, oft in Gruppen oder Hexenringen. Durch die vermehrte Anwendung von Kunstdünger geht der Bestand leider vielerorts deutlich zurück.

Speisewert: Essbar; schmackhafter, beliebter und leicht erkennbarer Speisepilz; Mai–Oktober.

Verwechslung: Karbol-Champignon (S. 66), schwach giftig, mit chromgelb anlaufender Stielbasis und Karbolgeruch.

Schaf-Champignon, Anis-Champignon *Agaricus arvensis* ②

Ein größerer, weißer Champignon mit gilbendem Fleisch, dessen Lamellen anfangs blass graurosa gefärbt sind. Der Stielring ist kräftiger ausgebildet und unterseits typisch sternförmig gemustert. Der essbare Pilz wächst an ähnlichen Stellen wie der Wiesen-Champignon, doch sagt der anisartige Geruch und Geschmack nicht jedermann zu.

1

2

G Karbol-Champignon, Tinten-Egerling *Agaricus xanthoderma*

Steckbrief: Hut 5–12 cm breit, kalkweiß, am Scheitel schmutzig erdfarben nachdunkelnd, auch radialrissig oder schuppig werdend; Lamellen nur kurzzeitig rosa, dann fahl graubraun, frei; Stiel weiß, manchmal leicht knollig, mit unterseits glattem Ring; Fleisch weiß, verletzt mehr oder weniger intensiv chromgelb anlaufend, besonders in der Stielbasis; Geruch nach Desinfektionsmittel (Karbol) oder Tinte.
Lebensweise: Humuszehrer; in Laub- und Nadelwäldern, Parkanlagen, Gärten und Wiesen; Mai–Oktober.
Giftigkeit: Schwach giftig, kann leichte bis heftige Verdauungsstörungen hervorrufen, die am nächsten Tag abklingen. Manchmal bleibt der Verzehr auch ohne Folgen.
Wissenswertes: Karbol-Champignons sind nicht immer leicht zu erkennen. Manche Menschen können den typischen, an Krankenhaus erinnernden Geruch nicht wahrnehmen. Sie sollten alle gilbenden Champignons meiden. Um die Verfärbung des Fleisches zu beschleunigen, kann die Stielbasis angeschnitten oder mit dem Finger angekratzt werden. Zwei weitere, unbekömmliche Arten der sog. Xanthoderma-Gruppe sind grau- oder braunschuppig: Perlhuhn-Champignon *(A. praeclaresquamosus)* und Rebhuhn-Champignon *(A. phaeolepidotus)*.

Wald-Champignon, Kleiner Blut-Egerling ①

Agaricus silvaticus

Steckbrief: Hut 4–10 cm breit, blass bräunlich, mehr oder weniger anliegend geschuppt; Lamellen jung rosa, dann schokoladenbraun, frei; Stiel heller als der Hut, unterhalb des herabhängenden Ringes feinflockig; Fleisch blass, im Anschnitt meist kräftig rötend; Geruch neutral pilzartig.

Lebensweise: Humuszehrer; in Laub- und Nadelwäldern, besonders unter Fichten oder Rotbuchen, ohne spezielle Bodenansprüche; Juli–Oktober.

Speisewert: Essbar; guter Mischpilz.

Wissenswertes: Deutliches Röten des Fleisches kennzeichnet bei Champignons die ungiftigen Arten. Der Große Wald-Champignon *(A. langei)* bevorzugt kalkhaltige Waldböden und rötet sehr intensiv, während der schwach rötende Breitschuppige Champignon *(A. lanipes)* auf Sandböden zu Hause ist. Ähnliches Aussehen hat der schwach giftige Rebhuhn-Champignon *(A. phaeolepidotus)*, dessen Fleisch etwas gilbt.

✕ Stink-Champignon *Agaricus impudicus*

Diese weniger bekannte Art ähnelt dem Wald-Champignon. Ihr schwach stechender Geruch erinnert an den des Stink-Schirmlings (S. 62). Eine Verwechslung wäre ungefährlich.

1

2

 Gemeiner Hallimasch *Armillaria ostoyae* 

Steckbrief: Hut 3–10 cm breit, hell fleischbräunlich bis dunkel olivbraun, mit abwischbaren Schüppchen, Huthaut trocken; Lamellen weißlich, dann blass fleischfarben; Stiel schuppig-faserig, mit hoch sitzendem Ring; Sporenpulver weiß; Fleisch weiß, im Stiel braun berindet; Geruch neutral pilzartig; Geschmack mild, doch bald im Hals unangenehm kratzend.

Lebensweise: Parasitisch; bringt lebende Laub- und Nadelbäume zum Absterben; erscheint im Wurzelbereich, am Stamm und auf Stümpfen, meist büschelig; September–November.

Speisewert: Bedingt essbar; sollte erst abgekocht, dann scharf gebraten werden. Kochwasser nicht verwenden. Empfindliche Personen können unter Verdauungsbeschwerden leiden, während andere den Pilz ohne Abkochen vertragen. Man verwende nur die Hüte, da Stiele zäh sind. Der Pilz ist gut zum Einfrieren geeignet.

 Honiggelber Hallimasch *Armillaria mellea* 

Gekennzeichnet durch gelbliche, meist kahle Hüte, weiße Lamellen und gelbe Ringunterseite. Lebensweise und Speisewert unterscheiden sich nicht vom Gemeinen Hallimasch.

1

1

2

 Sparriger Schüppling *Pholiota squarrosa*

Steckbrief: Hut 4–12 cm breit, gelb- bis rostbraun, mit dunkleren, sparrig abstehenden, nicht abwischbaren Schuppen, Huthaut trocken; Lamellen gelblich, bei Vollreife mit Olivton; Stiel wie Hut gefärbt und ebenfalls sparrig geschuppt, mit hoch sitzender Ringzone; Sporenpulver braun; Fleisch gelblich, mit auffallend würzigem Geruch.

Lebensweise: Parasitisch; an verschiedenen Laub- und Nadelbäumen wachsend, büschelig am Stammgrund oder im Wurzelbereich erscheinend; September–November.

Speisewert: Umstritten; wird in der Literatur gelegentlich als giftig bezeichnet. Glaubhaften Berichten zufolge wurde der Pilz regelmäßig schadlos verzehrt und schmeckte gut. Er sollte zur Sicherheit vorher überbrüht werden. Empfindlichen Personen wird aber von Essversuchen abgeraten. Auch schreckt bereits der auffällige Geruch viele Sammler ab, die ihn aufdringlich finden.

Wissenswertes: Der Befall des Sparrigen Schüpplings bewirkt, wie beim Hallimasch, eine Weißfäule im befallenen Holz. Die Aggressivität ist aber geringer. Dennoch ist er ein gefürchteter Parasit an Obstbäumen.

× Pappel-Schüppling *Pholiota populnea, P. destruens*

Steckbrief: Hut 5–15 cm breit, blass grau oder gelb- bis ockerbräunlich, mit blassen, wolligen Schuppen, Rand oft zottig behangen, Huthaut trocken; Lamellen jung blass, dann grau- bis rostbräunlich, etwas entfernt stehend; Stiel kompakt, wie der Hut gefärbt, überfasert, mit schwach ausgebildeter, hoch liegender, faseriger Ringzone; Sporenpulver braun; Fleisch weiß; Geruch meist unauffällig pilzartig; Geschmack deutlich bitter.

Lebensweise: Parasitisch; an lebenden und toten Pappelstämmen und Stümpfen, besonders Schwarz- und Silberpappeln; (September) Oktober–November.

Speisewert: Ungenießbar, wegen des bitteren Geschmacks.

Wissenswertes: Der Pappel-Schüppling ist ein aggressiver Baumparasit. Seine Fruchtkörper erscheinen oft erst, wenn der Baum bereits umgefallen ist und noch mehrere Jahre danach. Wegen seines typischen Aussehens kann er kaum mit anderen Pilzarten verwechselt werden, sofern er an Pappelholz erscheint. Der seltene Abweichende Schüppling *(P. heteroclita)* kann ähnlich aussehen, wächst aber an anderen Laubhölzern, wie Erle oder Birke. Er ist ungenießbar.

Purpurfilziger Holzritterling, Rötlicher Holzritterling

Tricholomopsis rutilans

Steckbrief: Hut 5–15 cm breit, rötlichviolett, purpurfarben, später gelblich ausblassend, Huthaut trocken, feinfilzig, verkahlend; Lamellen leuchtend gelb; Stiel auf gelbem Untergrund rötlich überfasert, innen bald hohl werdend; Sporenpulver weiß; Fleisch auffallend gelb; Geruch unauffällig.

Lebensweise: Holz abbauend; einzeln, gesellig oder büschelig auf Baumstümpfen oder vergrabenen Wurzeln wachsend, besonders Nadelholz (Kiefer, Fichte, Tanne); Juni–November.

Speisewert: Essbar; minderwertig, mit muffigem Geschmack, deshalb nur in geringer Menge als Mischpilz brauchbar.

Wissenswertes: Bei älteren Exemplaren verschwindet der purpurfarbene Belag völlig oder bleibt nur fleckweise erhalten. Die leuchtend gelben Exemplare ähneln dann dem kleineren, seltenen Olivgelben Holzritterling *(T. decora)*. Er wächst in den Mittelgebirgen auf Fichtenstümpfen und ist ungiftig. Der wissenschaftliche Gattungsname »*Tricholomopsis*« bedeutet »wie ein Ritterling *(Tricholoma)* aussehend«. Die echten Ritterlinge sind aber keine Holz- sondern Bodenbewohner. Sie leben immer in einer Wurzelsymbiose mit Bäumen.

Gemeiner Samtfußrübling, Winterpilz *Flammulina velutipes*

Steckbrief: Hut 1–5 cm breit, hellgelb bis rostorange, Huthaut kahl, gelatinös, bei Regen leicht klebrig; Lamellen hell cremefarben oder blass gelblich; Stiel rot- bis schwarzbraun, im unteren Teil samtig-filzig, Stielspitze gelb aufgehellt; Sporenpulver weiß; Fleisch blass, im Stiel zunehmend braun, elastisch; Geruch und Geschmack neutral pilzartig.

Lebensweise: Schwächeparasitisch und Holz abbauend; gesellig oder büschelig an Stämmen, Ästen und Stümpfen diverser Laubhölzer, besonders Weiden und Pappeln, doch auch Eichen und anderen; Oktober–März.

Speisewert: Essbar (nur Hüte verwenden); guter, lange haltbarer, wohlschmeckender Speise- und Vitalpilz, dem immunstärkende und krebshemmende Wirkungen zugeschrieben werden. Er wurde schon lange in Asien kultiviert und kommt als »Enoki« in den europäischen Handel.

Verwechslung: Die winterliche Erscheinungszeit kennzeichnet den Pilz gut. Manchmal überschneidet sich das Vorkommen mit ähnlichen Schwefelköpfen, besonders dem bitter schmeckenden, schwach giftigen Grünblättrigen Schwefelkopf (S. 76), der bei entsprechender Witterung nahezu ganzjährig auftreten kann.

Rauchblättriger Schwefelkopf *Hypholoma capnoides* ①

Steckbrief: Hut 1–6 cm breit, fahl gelblich bis ockergelb, mit wenig Grünanteil, kahl oder am Rand steppnahtartig gesäumt, Huthaut trocken; Lamellen zart rauchgrau, ohne Grünton; Stiel schwach überfasert, gelblich, unterer Teil hell rostbraun; Sporenpulver violettbraun; Fleisch im Hutbereich blass, ohne Grüntöne; Geschmack mild.

Lebensweise: Holz abbauend; gesellig bis büschelig auf Nadelholzstümpfen wachsend; (September) Oktober–Dezember.

Speisewert: Essbar; guter Speisepilz (nur Hüte verwenden).

✕ Grünblättriger Schwefelkopf *Hypholoma fasciculare* ②

Sehr ähnlich dem Rauchblättrigen Schwefelkopf, doch mit deutlichen Grün- oder Olivtönen auf den Lamellen; fast ganzjährig an Laub- und Nadelholz wachsend. Er schmeckt sehr bitter und ist schwach giftig.

✕ Ziegelroter Schwefelkopf *Hypholoma sublateritium* 

Hut mehr oder weniger ziegelrötlich, oft deutlich von Schleierresten überfasert; Lamellen reif mit Olivton; im Herbst büschelig an Laubholzstümpfen wachsend; Geschmack schwach bis deutlich bitter, giftverdächtig.

①

2

3

 Echtes Stockschwämmchen *Kuehneromyces mutabilis* 

Steckbrief: Hut 2–5 cm breit, ockerfarben oder honigbraun, oft zweifarbig, mit hellerem Scheitel und dunklerem, durchwässertem Rand. Huthaut trocken, kahl oder fein flockig; Lamellen gelblich bis rostfarben; Stiel deutlich beringt, unten mit feinen Schüppchen besetzt; Sporenpulver braun; Geruch neutral pilzartig.
Lebensweise: Holz abbauend; in dichten Gruppen auf Stämmen und Stümpfen von Laub-, selten Nadelbäumen; Mai–November.
Speisewert: Essbar; wohlschmeckend (nur Hüte verwenden), guter Suppenpilz.

 Weißstieliges Stockschwämmchen, Wässriger Saumpilz ②

Psathyrella piluliformis (P. hydrophila)

Er unterscheidet sich durch weißen, ringlosen Stiel und zottig behangenen oder hell gesäumten Hutrand. Er ist essbar.

 Nadelholz-Häubling *Galerina marginata* 

Der giftige Doppelgänger des Stockschwämmchens ist meist kleiner und wächst vorwiegend an Nadel-, selten Laubholz. Sein Stiel ist schwach beringt und längsfaserig (nicht schuppig). Das Fleisch riecht mehlartig. Die Giftstoffe (Amanitine) gleichen denen des Grünen Knollenblätterpilzes (S. 56).

2

3

Austern-Seitling *Pleurotus ostreatus*

Steckbrief: Hut 5–20 cm breit, hellgrau, graubraun oder stahlgrau, Huthaut trocken; Lamellen weißlich, am Stiel herablaufend, dort mit Querverbindungen; Stiel seitlich sitzend, kurz und gekrümmt, Basis striegelig; Sporenpulver weißlich; Fleisch weiß; Geruch und Geschmack angenehm pilzartig.

Lebensweise: Parasitisch und Holz zersetzend; in vielzähligen Gruppen seitlich an Stämmen und Stümpfen von Laubhölzern (selten Nadelholz) sitzend. Sie erscheinen nach ersten Nachtfrösten und erinnern durch das gedrängte Wachstum an Austernbänke; Oktober–Dezember, seltener bis Februar.

Speisewert: Essbar; sehr wohlschmeckend. Alte Exemplare und Stiele sind zähfleischig.

Wissenswertes: Austern-Seitlinge sind beliebte Kulturpilze, die im Handel angeboten werden. Etwas früher wachsen einige Doppelgänger an ähnlichen Standorten: Berindeter Seitling *(P. dryinus)*, mit saumartig behangenem Hutrand; Rillstieliger Seitling *(P. cornucopiae)*, im Auwald, mit Mehlgeruch, und Gelbstieliger Muschelseitling *(Sarcomyxa serotina)*, mit dünner Gelatineschicht unter der Huthaut. Sie alle sind nicht giftig, aber weniger schmackhaft.

Brauner Rasling, Büschel-Rasling *Lyophyllum decastes*

Steckbrief: Hut 4–15 cm breit, hell- bis dunkelbraun, auch mit Grautönen, einfarbig oder heller streifig bis gefleckt, Huthaut trocken; Lamellen weißlich; Stiel schmutzig weißlich, oft mit etwas Hutfarbe gemischt; Sporenpulver weiß; Fleisch weiß, elastisch; Geruch und Geschmack neutral pilzartig.

Lebensweise: Humuszehrer; in Laub- und Mischwäldern, oft in vielzähligen Büscheln miteinander verwachsen, besonders auf lockeren, humosen Böden; April–Mai und September–November.

Speisewert: Essbar; schmackhafter, ergiebiger Speisepilz (zähfleischige Stielteile weglassen); besonders zum Einfrieren und anschließendem Braten geeignet.

Verwechslung: Der Braune Rasling ist sehr veränderlich und erhielt viele Namen. Der »Gepanzerte Rasling« ist eine Form mit verdickter, knorpeliger Huthaut ohne Artberechtigung. Durch festeres Fleisch und Grautöne an Hut und Lamellen zeichnet sich der essbare Rauchgraue Rasling *(L. fumosum)* aus, der gerne im Buchenwald erscheint. Besonders bei nicht büscheligem Wachstum ist eine Verwechslung mit braun gefärbten Ritterlingen *(Tricholoma)* möglich, die Verdauungsstörungen hervorrufen können.

Nebelgrauer Trichterling, Nebelkappe

Lepista (Clitocybe) nebularis

Steckbrief: Hut 5–15 cm breit, hell- bis dunkelgrau oder graubraun, Mitte oft typisch gebuckelt, manchmal durch weißlichen Belag wie bepudert, Huthaut trocken; Lamellen weiß, am schlank keulenförmigen Stiel herablaufend; Sporenpulver weiß; Fleisch weiß, mit aufdringlich süßlich-mehlartigem Geruch, der an den des Grünen Knollenblätterpilzes erinnert.

Lebensweise: Humuszehrer; in allen Laub- und Nadelwäldern häufig, gesellig, in Bögen und Kreisen erscheinend; September–November.

Speisewert: Umstritten; enthält den Giftstoff Nebularin, der nach Abkochen und Weggießen des Kochwassers unwirksam wird. Trotz entsprechender Vorbehandlung klagten empfindliche Personen über vorübergehende Schmerzen im Magen-Darm-Bereich.

Wissenswertes: Der Nebelgraue Trichterling verführt durch Häufigkeit und kompaktes Äußeres zum Sammeln für den Kochtopf. Doch schon der Geruch wird vom manchen als angenehm, von anderen als widerlich beurteilt. Diese Pilzart schlechthin als »giftig« zu bezeichnen, wäre sicherlich übertrieben. Wer ihn mag, kann ihn versuchen, muss sich aber eines gewissen Risikos bewusst sein.

Violetter Rötelritterling *Lepista nuda*

Steckbrief: Hut 4–10 cm breit, lila bis violett, manchmal etwas durchwässert (hygrophan), alt ausblassend, Huthaut trocken; Lamellen violett; Stiel wie der Hut gefärbt, feinflockig, Basis mit hellviolettem Myzelfilz; Sporenpulver blass fleischrötlich; Fleisch violettlich, im Kern weiß (Längsschnitt); Geschmack mild, pilzartig; Geruch angenehm, typisch würzig.

Lebensweise: Humuszehrer; in Laub- und Nadelwäldern, Parkanlagen und Gärten, auch in Nähe von Komposthaufen; April–Mai und September–November.

Speisewert: Essbar; wohlschmeckend und vielseitig verwendbar; Vitalpilz mit blutdrucksenkender Wirkung.

Verwechslung: Rötelritterlinge sind mit echten Ritterlingen *(Tricholoma)* nicht verwandt, obwohl sie ähnlich aufgebaut sind. Unter ihnen ist bisher kein Giftpilz bekannt. Der Lilastiel-Rötelritterling *(L. personata)* ist nur am Stiel violett gefärbt. Er wächst gern an grasigen Standorten, jedoch nur im späteren Herbst. Sehr ähnlich kann der Lilafarbene oder Schmutzige Rötelritterling *(L. sordida* var. *lilacea)* sein, der aber geruchlos ist.

Maipilz, Georgsritterling *Calocybe gambosa* 1

Steckbrief: Hut 3–8 cm breit, kalkweiß bis elfenbeinfarben, seltener gelblich oder fleischbräunlich, Huthaut trocken; Lamellen eng stehend, wie der Stiel und das Fleisch weißlich; Sporenpulver weiß; Geruch und Geschmack stark und aufdringlich mehlartig, an ranziges Mehl erinnernd.
Lebensweise: Humuszehrer; unter Laubbäumen, besonders in feuchten Auwäldern zwischen Buschwindröschen, auch in Parks und Gärten; nur im Frühjahr wachsend, (April) Mai–Juni.
Speisewert: Essbar; sollte wegen des aufdringlichen Geschmacks vorher gründlich abgekocht werden.

G Ziegelroter Risspilz *Inocybe erubescens* 

Dieser giftige Doppelgänger kann zur selben Jahreszeit wie der Maipilz auftreten. Junge Exemplare sind ähnlich blass gefärbt, röten aber mit zunehmendem Alter. Ihre Huthaut reißt bald typisch radial ein. Der Geruch ist zunächst obstartig, dann unangenehm spermatisch, wie bei vielen Risspilzen. Das in größerer Menge enthaltene Nervengift (Muscarin) bewirkt nach kurzer Inkubationszeit Sehstörungen, Koliken und Erbrechen. Todesfälle sind eher selten, aber schon vorgekommen.

1

1

2

Frost-Schneckling *Hygrophorus hypothejus*

Steckbrief: Hut 1–5 cm breit, meist dunkelgrau oder olivbraun, alt auch gelblich ausblassend, Mitte meist gebuckelt, Huthaut bei Regen sehr schleimig; Lamellen gewöhnlich gelblich, selten farblos, entfernt stehend, am Stiel etwas herablaufend; Stiel gelblich, stellenweise orange, mit sehr schleimiger Oberfläche; Sporenpulver weiß; Fleisch elastisch, mit kaum auffallendem Geruch und Geschmack.

Lebensweise: Wurzelsymbiose mit Kiefern; gern auf moosigen Sandböden; spät im Jahr, nach den ersten Nachtfrösten erscheinend; Oktober–Dezember.

Speisewert: Essbar; schmackhafter Speisepilz. Die zähfleischigen Stiele können im Wald verbleiben.

Wissenswertes: Bei anhaltendem Regenwetter sind die Stiele derart schleimig, dass man den Pilz mit der Hand kaum aus dem Boden ziehen kann. Da hilft nur, den Hut mit einem Messer abzuschneiden. Den kleinen Hüten die glitschige Huthaut abzuziehen ist viel zu umständlich und kann unterlassen werden. Der Pilz fault kaum und ist gegen Kälte resistent. Erst nach längeren, strengen Frostperioden lässt das Wachstum nach. Dann sollte man die Schnecklinge nicht mehr sammeln.

G Rinnigbereifter Trichterling, Feld-Trichterling

Clitocybe rivulosa (C. dealbata)

Steckbrief: Hut 2–5 cm breit, weiß bereift (wie Firnis), unter dem Reif blass fleischbräunlich, bald konzentrisch oder fleckig nachdunkelnd, Huthaut trocken; Lamellen weiß, mäßig entfernt, schwach am Stiel herablaufend; Stiel weißlich, dünn; Sporenpulver weiß; Geruch wenig auffallend.

Lebensweise: Humuszehrer; an grasigen Stellen auf Feldern, an Waldrändern, in Gärten und Parks erscheinend; gesellig oder in vielzähligen Reihen und Bögen wachsend; Juli–Oktober.

Giftigkeit: Das in größerer Menge enthaltene Nervengift (Muscarin) bewirkt kürzere Zeit nach dem Genuss Sehstörungen, Bewusstseinsstörungen, Delirium sowie Magen-Darm-Koliken. Innere Organe werden nicht dauerhaft geschädigt, doch können größere Mengen selten auch zum Tod führen.

Wissenswertes: Es existieren mehrere ähnlich aussehende Trichterlinge mit vergleichbarer Giftwirkung. Der größere Bleiweiße Trichterling *(C. phyllophila)* wächst in Laub- und Nadelwäldern. Alle weißlichen Trichterlinge, besonders solche mit bereiftem Hut, sind für die Küche tabu. Ein schmackhafter Suppenpilz ist der in Wiesen erscheinende Feld-Schwindling *(Marasmius oreades)*. Sein ockerfarbiger Hut ist nie bereift. Man sollte ihn nur sammeln, wenn man sich genau auskennt.

G Kahler Krempling *Paxillus involutus*

Steckbrief: Hut 3–10(15) cm breit, ocker- bis zimtbraun, Mitte oft gebuckelt, dann trichterartig vertieft, mit anfangs eingerolltem, flockig-gekerbtem Hutrand; Lamellen gelblich, eng stehend, am Stiel herablaufend, Druckstellen deutlich braunfleckend; Stiel wie der Hut gefärbt, kahl; Sporenpulver braun; Fleisch gelbbräunlich, im Schnitt rotbraun; Geruch und Geschmack herb-säuerlich.
Lebensweise: Wurzelsymbiose mit Laub- und Nadelbäumen; ohne besondere Bodenansprüche; Juli–Oktober.
Speisewert: Umstritten, besonders roh giftig; häufiger oder reichlicher Genuss, auch nach Abkochen und Wegschütten des Kochwassers, kann längerfristig zu allergieartigen Symptomen und Auflösung der roten Blutkörperchen führen. Bei Personen mit vorgeschädigter Leber sind Todesfälle nicht ausgeschlossen. Er sollte unbedingt gemieden werden.
Wissenswertes: In Gärten treten manchmal besonders große Exemplare auf, die als »Gartenkremplinge« bezeichnet werden. Unter Schwarz- und Grünerlen wächst der ähnliche, giftverdächtige Erlen-Krempling *(P. rubicundulus),* der äußerlich an seiner radialschuppig aufbrechenden Huthaut zu erkennen ist.

Reifpilz, Zigeuner *Rozites (Cortinarius) caperatus*

Steckbrief: Hut 5–10 cm breit, strohgelb, ocker oder gelbbraun, oft grubig bis radialrunzelig (daher auch der Name »Runzelschüppling«), jung mit weißlichem bis hell violettlichem Reif überzogen; Lamellen blass beige, dann rostgelblich, mit gekerbter Schneide; Stiel mit schmalem, eng anliegendem, oberseits gerieftem Ring; Sporenpulver braun; Fleisch weißlich, in der Stielspitze bisweilen schwach lila, mit neutralem Geruch und Geschmack.

Lebensweise: Wurzelsymbiose mit Nadel-, seltener Laubbäumen, vor allem Kiefern und Fichten; besonders in Heidelandschaften, auf sauren, sandigen Böden; August–Oktober.

Speisewert: Essbar; sehr wohlschmeckender Speisepilz, doch leider oft madig.

Wissenswertes: Durch den Rückgang ursprünglicher Heidelandschaften sind Reifpilze leider nicht mehr so häufig. Der oft zu verzeichnende Madenbefall macht sich zuerst in der Stielbasis bemerkbar, die man abschneiden kann. Oft sind derartige Funde dann noch brauchbar. Eine Verwechslung mit dem entfernt ähnlichen Glimmerschüppling *(Phaeolepiota aurea)*, der ebenfalls beringt ist, wäre ungefährlich. Er wächst gern außerhalb des Waldes.

Schopf-Tintling *Coprinus comatus* ①

Steckbrief: Hut 3–8 cm breit, jung weiß, fast zylindrisch, mit schuppiger Oberfläche, beim Aufschirmen glockig und vom Rande her tintenartig zerfließend, schließlich gänzlich in schwarze Sporenmasse auflösend; Lamellen sehr eng stehend, weiß, dann rötlich, bald schwarz zerfließend; Stiel weiß, röhrig, mit schmalem, später nach unten rutschendem Ring, Basis wurzelartig verlängert; Sporenpulver schwarz; Fleisch weiß; Geruch und Geschmack würzig pilzartig.

Lebensweise: Humuszehrer; auf gedüngten Wiesen, Feldern und Äckern wachsend, oft in großen Gruppen; Mai–November.

Speisewert: Essbar; wohlschmeckender Speisepilz, aber nur jung, in geschlossenem Zustand verwendbar. Verfärbte Pilze sind unbrauchbar, wenn auch ungiftig. Sie zerfließen in der Pfanne.

Grauer Tintling, Knoten-Tintling *Coprinus atramentarius*

Der grauhütige, bedingt essbare Doppelgänger wächst an ähnlichen Standorten und kann auch auf Holzstümpfe übergehen. Er ist in Verbindung mit Alkohol giftig. Der Inhaltsstoff Coprin verhindert den Alkoholabbau im Gehirn, was Herzklopfen, Schwindel und Atemnot bewirken kann (Antabuswirkung).

①

2

 Edel-Reizker, Echter Reizker *Lactarius deliciosus* 

Steckbrief: Hut 4–10 cm breit, leuchtend orange oder grau-orange, mit dunkleren, ringförmig angeordneten, teils zusammenfließenden Flecken (gezont-getropft), Hutmitte leicht vertieft, Huthaut trocken; Lamellen orange; Stiel wie Hut gefärbt, mit rundlichen Flecken, innen hohl; Fleisch fest und starr, im Anschnitt orangerote Milch absondernd, erst nach Stunden weinrot umfärbend; Geschmack mild.

Lebensweise: Wurzelsymbiose mit Kiefern; kalkliebend, doch auch auf armen Sandböden wachsend; August–Oktober.

Speisewert: Essbar; sehr delikat, besonders gut zum Panieren und Braten geeignet.

Wissenswertes: Die europäischen, rotmilchenden Reizker sind ungiftig. Arten mit weißer, an der Luft allmählich rot werdender Milch können sehr scharf schmecken. Sie sind ungenießbar.

 Fichten-Reizker *Lactarius deterrimus* 

Der Hut des essbaren, unter Fichten vorkommenden Verwandten des Edel-Reizkers ist eher einfarbig und kaum zoniert. Er neigt zu spangrüner Verfärbung, während die orangerote Milch an der Luft schneller weinrot wird.

1

1

2

✕ Birken-Reizker *Lactarius torminosus* 

Steckbrief: Hut 4–10 cm breit, hell bis dunkel fleischrosa, mit dunklerer, konzentrischer Zonierung, Huthaut trocken, etwas filzig, Rand jung eingerollt und bärtig-zottig behangen; Lamellen weiß bis cremefarben; Stiel weiß oder blass rosa, hohl; Milch unveränderlich weiß; Geschmack sehr scharf.
Lebensweise: Wurzelsymbiose mit Birken; ohne besondere Bodenansprüche; August–Oktober.
Speisewert: Ungenießbar; die enthaltenen, scharf schmeckenden Harze bewirken Übelkeit, Erbrechen und Durchfall. Eine Verwendung nach mehrmaligem Wässern und Abkochen zum Einsalzen oder Einlegen in gewürztem Essig wäre möglich.

 Rotbrauner Milchling *Lactarius rufus* 

Ein sehr häufiger, mit etwas Übung kaum zu verwechselnder Milchling des Laub- und Nadelwaldes mit weißer, scharf schmeckender Milch. Man achte auf den kleinen Spitzbuckel in der Hutmitte. Durch einmaliges Blanchieren kann er, gut durchgebraten, verwendet werden. Die Schärfe verschwindet dann völlig. Anfänger sollten jedoch zur sicheren Bestimmung fachmännischen Rat einholen, da es ähnliche Milchlinge mit rotbraunen Farben gibt.

1

1

2

Apfel-Täubling *Russula paludosa* ①

Steckbrief: Hut 5–12 cm breit, apfelrot oder ocker, Mitte oft leicht gebuckelt; Lamellen weiß bis buttergelb, Außenkante (Schneide) manchmal rötlich; Stiel weiß, schwach rötlich überhaucht; Fleisch weiß; Geruch unauffällig; Geschmack mild.
Lebensweise: Wurzelsymbiose mit Kiefern oder Fichten; in moosreichen, feuchteren Wäldern auf sauren, sandigen Böden oft Massenpilz; Juni–Oktober.
Speisewert: Essbar; sehr ergiebig, als Mischpilz geeignet.

✕ Zedernholz-Täubling *Russula badia* ②

Ein ungenießbarer Doppelgänger, an gleichen Standorten vorkommend. Hutfarben braun- bis blutrot, mit dunklerer Mitte. Namengebend ist der verhaltene Geruch nach Zedernholz im Fleisch der Stielbasis. Im Zweifel hilft zur Bestimmung die Kostprobe, die oft erst nach einer Minute sehr scharf ausfällt. Daher auch der Name »Heimtückischer Täubling«.

✕ Kiefern-Spei-Täubling *Russula silvestris (R. emetica agg.)* ③

Durch hellroten Hut und strahlend weiß gefärbte Lamellen- und Stielfarben sowie sehr scharfen Geschmack gekennzeichnet; Vorkommen im sandigen Kiefernwald. Reibt man die Lamellen, ist ein schwacher Obstgeruch wahrnehmbar.

2

3

Frauen-Täubling *Russula cyanoxantha* (1)

Steckbrief: Hut 5–15 cm breit, violett, lila, graulila oder einfarbig grün, auch wolkig-mehrfarbig; Lamellen weiß, elastisch (bei Berührung nicht splitternd, Ausnahme bei den Täublingen); Stiel weiß, selten rötlich-lila überhaucht; Geruch unauffällig pilzartig; Geschmack mild.
Lebensweise: Wurzelsymbiose mit Laub- und Nadelbäumen; meist unter Eichen und Rotbuchen, seltener Fichten; auf kalkhaltigen wie auf armen Sandböden wachsend; Juli–Oktober.
Speisewert: Essbar; einer der besten Speisetäublinge.

Grüngefelderter Täubling *Russula virescens*

Den grün gefärbten Formen des Frauen-Täublings ähnlich, doch mehr spangrün und mit felderig aufbrechender, schorfiger Huthaut. Die Lamellen sind spröde, wie bei Täublingen allgemein üblich. Der festfleischige Pilz besitzt einen unauffälligen Geruch und milden Geschmack. Er ist besonders unter Eichen zu finden. Die schorfige Huthaut unterscheidet ihn vom einfarbig grün gefärbten Grasgrünen Täubling *(R. aeruginea)*, der ein häufiger Birken- oder Fichtenbegleiter ist. Er schmeckt mild, kann aber Magen-Darm-Beschwerden hervorrufen und sollte gemieden werden.

1

1

2

Echter Pfifferling *Cantharellus cibarius* ①

Steckbrief: Hut 2–8 cm breit, zitronen- bis dottergelb, selten fast weiß, Huthaut trocken, Ränder oft lappig verbogen; Leisten wie Hut gefärbt, am Stiel herablaufend, mit Gabelungen und Querverbindungen; Stiel gelb, vollfleischig, mit zugespitzter Basis; Fleisch gelblich, festfleischig; Geruch angenehm fruchtig; Geschmack im Rohzustand nach längerem Kauen schärflich.

Lebensweise: Wurzelsymbiose mit Laub- und Nadelbäumen; unter Fichten, Kiefern, Eichen und Rotbuchen; Juni–Oktober.

Speisewert: Essbar; mit besonderem Wohlgeschmack, der von den meisten Pilzarten deutlich abweicht; zum Trocknen nicht geeignet, da die Pilze im Wasser kaum aufweichen.

Falscher Pfifferling *Hygrophoropsis aurantiaca* 

Ein weichfleischiger, mehr orange gefärbter, geruch- und geschmackloser Doppelgänger, der erst im späteren Herbst an ähnlichen Standorten vorkommt. Die dünnen Lamellen sind, wie beim Echten Pfifferling, gabelartig verzweigt. Eine Verwechslung wäre harmlos, denn nur in großen Mengen verzehrt kann der Falsche Pfifferling Verdauungsstörungen verursachen.

1

2

Semmel-Stoppelpilz *Hydnum repandum* ①

Steckbrief: Hut 3–12 cm breit, semmelfarben bis orangerötlich, ziemlich veränderlich (mehrere Varietäten); Stacheln dicht stehend, sehr brüchig; Fleisch blass, mürbe; Geruch und Geschmack angenehm, beim Kauen etwas schärflich.
Lebensweise: Wurzelsymbiose mit Laub- und Nadelbäumen; unter Eichen, Kiefern und Fichten; gerne auf kalkhaltigen Böden; Juli–Oktober.
Speisewert: Essbar; wohlschmeckender Speisepilz.
Anmerkung Der kleinere Rotgelbe Stoppelpilz *(var. rufescens)* wird aus der Entfernung oft für einen Pfifferling gehalten.

Habichtspilz *Sarcodon imbricatus* ②

Auffallend durch dunklen, grobschuppigen Hut, dadurch an ein Habichtsgefieder erinnernd. Jung essbar, von ausgezeichnetem, würzigem Geschmack; auch getrocknet als Pilzpulver sehr beliebt. Alte Exemplare können bitterlich schmecken.

× Gallen-Stacheling *Sarcodon scabrosus*

Ähnelt dem Habichtspilz, ist aber ziemlich selten. Der Hut ist meist weniger auffallend geschuppt und die Stielbasis fällt durch ihre schwarze Farbe auf. Das Fleisch ist gallebitter und macht den Pilz völlig ungenießbar.

①

2

3

 Speise-Morchel *Morchella esculenta* 1

Steckbrief: Hut 3–10 cm breit, graubeige, ocker, seltener fast anthrazitfarben, rundlich oder länglich, mit wabenartigen Vertiefungen; Stiel weiß bis gelblich, Basis oft längsfaltig, wie zusammengeschnürt; Fleisch brüchig, mit aromatischem Geruch; ganzer Fruchtkörper innen hohl, kleiig ausgekleidet.
Lebensweise: Humuszehrer; in Wäldern, Gärten, auf ungedüngten Wiesen und Brandstellen wachsend; kalkliebend; April–Mai.
Speisewert: Essbar; sehr delikater, beliebter Speisepilz.
Wissenswertes: Wenn die Witterung den Morcheln nicht zusagt, bleiben sie aus. Besonders nach feuchtwarmen Perioden ist mit ihnen zu rechnen. In entsprechenden Gegenden wachsen sie gern gemeinsam mit Maipilzen in feuchten Auwäldern.

 Frühjahrs-Lorchel *Gyromitra esculenta* 

Der giftige Doppelgänger erscheint schon einige Wochen vor den Morcheln im sandigen Kiefernwald. Seine rotbraunen Hüte besitzen nach außen gewölbte Windungen. Das Zellgift Gyromitrin ist für teils schwere Leber- und Nierenschäden verantwortlich. Früher wurden Lorcheln nach Abkochen und Wegschütten des Kochwassers verzehrt, was nicht zu empfehlen ist. Getrocknet und länger gelagert sind sie ungiftig.

1

1

2

Spitz-Morchel, Hohe Morchel *Morchella conica (M. elata)*

Steckbrief: Hut 3–6 cm breit, graubeige bis dunkelbraun, selten heller, rundlich oder spitzkegelig, wabenartige Vertiefungen mit längs ausgerichteten Rippen; Stiel weißlich, mit kleiiger Oberfläche; Fleisch brüchig, mehr oder weniger aromatisch riechend; ganzer Pilz innen hohl.
Lebensweise: Humuszehrer; in Laub- und Nadelwäldern, Parks und Gärten; März–Mai.
Speisewert: Essbar; in der Qualität der Speise-Morchel mindestens ebenbürtig.
Wissenswertes: In Gärten und Anlagen erscheint diese Morchel oft zahlreich auf Rindenmulch. Ihre Hutkante ist, im Gegensatz zur Halbfreien Morchel, mit dem Stiel verwachsen. Morcheln dürfen nicht mit der giftigen Frühjahrs-Lorchel (S. 104) verwechselt werden.

Halbfreie Morchel, Käppchen-Morchel

Morchella gigas, Mitrophora semilibera

Der Spitz-Morchel ähnlich, doch mit kleinerem, zugespitztem Hut, dessen Ränder nicht mit dem Stiel verwachsen sind. Die Längsrippen sind sehr ausgeprägt. Halbfreie Morcheln erscheinen gegen Ende der Morchelsaison (Mai). Sie sind essbar, doch nicht besonders schmackhaft und zähfleischig.

1

2

2

Schwefel-Porling *Laetiporus sulphureus*

Steckbrief: Hut 10–40 cm breit, zitronen- bis dottergelb oder orange, flach konsolenförmig, oft zu mehreren miteinander verwachsen, auf waagerechter Unterlage auch rosettenförmig; Unterseite zitronengelb, feinporig; Fleisch gelblich-orange, Konsistenz erst weich und saftreich, dann käseartig brüchig; Geruch und Geschmack unauffällig.

Lebensweise: Parasit an Laub-, seltener Nadelbäumen; oft büschelig an lebenden Stämmen; Mai–Juni, seltener auch August–September.

Speisewert: Bedingt essbar; junge Exemplare oder weiche Hutränder können wie ein Schnitzel paniert und gebraten werden und sind schmackhaft. Vorheriges Blanchieren ist ratsam. Seltenen Berichten zufolge hat der Genuss bei empfindlichen Personen Durchfall und Erbrechen hervorgerufen.

Wissenswertes: Der Schwefel-Porling gehört zu den einjährigen Arten, deren Fruchtkörper im Spätherbst abfallen und vergehen. Das ausdauernde Myzel bewirkt eine intensive Braunfäule im befallenen Stamm, die nach einigen Jahren unweigerlich zum Absterben des Baumes führt. Mehrjährige, ausdauernde Porlinge sind gewöhnlich holzig-hart und besitzen, je nach Jahreszahl, mehrfach geschichtete Röhren. Sie sind ungenießbar.

Krause Glucke, Fette Henne *Sparassis crispa*

Steckbrief: Fruchtkörper 10–40 cm breit, ockergelb oder fleischfarben, dick polsterförmig, außen mit krausen, dicht gewundenen Elementen; Basis strunkartig zusammengezogen und etwas wurzelnd; Konsistenz brüchig; Geruch und Geschmack angenehm würzig.
Lebensweise: Parasit an Nadelbäumen; besonders am Fuße lebender Kiefern, auf Wurzeln oder neben Stümpfen erscheinend; August–November.
Speisewert: Essbar; ausgezeichneter, schmackhafter Bratpilz.
Wissenswertes: Zu alte Exemplare bekommen dunkle Außenränder. Sie werden bitter und sollten nicht verwendet werden. In den vielen Höhlungen verstecken sich oft Schnecken oder Insekten, aber auch Humusteile. Daher ist gutes Waschen der zuvor zerteilten Fruchtkörper sehr ratsam.
Verwechslung: Die seltene Breitblättrige Glucke *(S. brevipes)* wächst an Weißtannen, Fichten, Eichen oder Rotbuchen. Ihre krausen Elemente sind deutlich weitläufiger und blasser gefärbt. Sie ist zähfleischig, nicht so aromatisch und daher für Speisezwecke weniger geeignet. Glucken dürfen nicht mit giftigen Korallen verwechselt werden, z.B. mit der Blassen Koralle (S. 110).

 Rötliche Koralle, Hahnenkamm *Ramaria botrytis* 

Steckbrief: Fruchtkörper 10–20 cm breit, aus einem kompakten, blassen Strunk und korallenartig verzweigten Ästen bestehend, junge Astspitzen sind rot bis rotbraun gefärbt; Strunkfleisch weißlich, im Anschnitt wässrig-marmoriert; Geruch und Geschmack unauffällig.
Lebensweise: Wurzelsymbiose mit Laub- und Nadelbäumen; unter Eichen, Rotbuchen, Fichten und Tannen wachsend, besonders in mittleren Gebirgslagen; Juli–Oktober.
Speisewert: Jung essbar; ältere Exemplare können Magenschmerzen und Durchfall verursachen.
Achtung: Die Rötliche Koralle kann nur im Jugendzustand relativ leicht erkannt werden. Je älter sie ist, desto größer wird die Gefahr der Verwechslung.

 Blasse Koralle *Ramaria pallida* 

Der giftige Doppelgänger kann älteren Exemplaren der Rötlichen Koralle ähneln. Die blassen Äste stehen aufrechter und haben bisweilen kräftig lila-rosa gefärbte Spitzen. Der Strunk ist im Anschnitt nicht marmoriert, sondern einheitlich weiß. Ein Verzehr bewirkt Bauchschmerzen, Erbrechen und Durchfall, daher auch der Name »Bauchweh-Koralle«.

1

1

2

Riesenbovist *Langermannia gigantea* ①

Steckbrief: Fruchtkörper 15–50 cm breit, jung außen und innen weiß; mehr oder weniger kugelförmig, stiellos, mit glatter Oberfläche; beim Reifen überall bräunend, innen gänzlich in rostbraune Sporenmasse umwandelnd und langsam zerstäubend.
Lebensweise: Humuszehrer; an lichten Waldstellen, Wiesen und Feldern wachsend, auch in Gärten und Parkanlagen, besonders auf stickstoffreichen Böden; Juli–September.
Speisewert: Jung essbar; die Pilze sollten völlig weiß und festfleischig sein. Sie können in Scheiben geschnitten und gebraten werden. Reifende, gelblich oder bräunlich verfärbte Exemplare sind ungiftig, aber kaum verwendbar.
Verwechslung: Kaum möglich; siehe aber Kartoffelboviste (S. 116).

Hasen-Stäubling *Calvatia (Handkea) utriformis* 

Mit 10–20 cm Breite sind die Hasen-Stäublinge deutlich kleiner. Ihre Oberfläche ist mit mehligen Stacheln bedeckt, die oft ein typisches Muster bilden (anderer Name: Getäfelter Stäubling). Reife Pilze lösen sich nur im oberen Teil in eine braune Sporenmasse auf, während der untere, becherförmige Bereich erhalten bleibt. Der jung essbare Pilz ist weniger häufig, da er Trocken- und Halbtrockenrasen bevorzugt.

1

2

Flaschen-Stäubling *Lycoperdon perlatum*

Steckbrief: Fruchtkörper 3–5 cm breit, kopfig-gestielt (wie ein Pistill), jung weiß, beim Reifen bräunend, Scheitel dann mit kleiner Öffnung, aus der auf Druck das braune Sporenpulver entweicht; Stacheln der Oberfläche kompakt, beim Abfallen ein netzartiges Muster hinterlassend. Der untere stielartige Teil ist steril und zerfällt nicht in Sporenmasse; Geruch angenehm würzig pilzartig.
Lebensweise: Humuszehrer; in Laub- und Nadelwäldern, an grasigen Wald- und Wegrändern; Juli–November.
Speisewert: Jung essbar; solange innen völlig weiß und festfleischig (gilt für alle Boviste und Stäublinge), ein wohlschmeckender Bratpilz. Reifende, verfärbte Pilze sind nicht giftig, aber unappetitlich.
Wissenswertes: Flaschen-Stäublinge haben eine Reihe ähnlich aussehender Verwandter. Sie können dunkler gefärbt sein, anders riechen oder abweichend geformte Stacheln besitzen. Besonders ähnlich ist der jung essbare Beutel-Stäubling *(Calvatia excipuliformis).* Seine Stacheln sind aus mehreren Teilen zusammengesetzt und hinterlassen beim Abfallen kein Netzmuster.
Verwechslung: Siehe giftige Kartoffelboviste (S. 116).

G Dickschaliger Kartoffelbovist *Scleroderma citrinum (S. aurantium)*

Steckbrief: Fruchtkörper 4–10 cm breit, blass beigefarben, gelblich oder gelbbräunlich; rundlich-knollig, meist stiellos, Basis aber mit wurzelartigen Strängen; Oberfläche grob schorfig-schuppig; innen schon jung schiefergrau bis schwarzbraun gefärbt, von dicker Außenwand umgeben; reife Pilze bekommen am Scheitel eine größere, unregelmäßige Öffnung, aus der die schwarzbraunen Sporen entlassen werden; Geruch unangenehm stechend-metallisch.

Lebensweise: Wurzelsymbiose mit Laub- und Nadelbäumen; auf trockenen Sandböden, besonders aber torfhaltigen Moorböden wachsend, gelegentlich werden morsche Baumstümpfe besiedelt; Juli–November.

Giftigkeit: Bewirkt Verdauungsstörungen, Übelkeit und Erbrechen. Der Verzehr größerer Mengen kann zu Sehstörungen, rauschartigen Zuständen und Ohnmachtsanfällen führen.

Wissenswertes: Kartoffelboviste sind sehr festfleischig und schwer. Auch daran sind sehr junge, ausnahmsweise innen noch nicht dunkel gefärbte Exemplare zu erkennen. Der Dünnschalige Kartoffelbovist *(S. verrucosum)* ist im unteren Teil stielartig verlängert. Alle etwa zehn europäischen Arten der Gattung sind unbekömmlich.

Register

Nicht abgebildete Arten *kursiv*

S

T

Widmung

*Dieses Buch widme ich meiner Familie:
meinen Eltern, Johanna und Erwin (†), die mich in meinen Bestrebungen und Wünschen immer unterstützt haben, und meiner lieben Frau Marina, die nicht nur mit einigen ihrer Pilzfotos zur Verschönerung des Buches beigetragen hat, sondern viele Jahre die Interessen an Natur und Fotografie mit mir teilt.*

Über den Autor

Dr. Ewald Gerhardt war 25 Jahre als Mykologe und Berater für Großpilze am Botanischen Garten in Berlin tätig. Seine Promotion hatte eine Weltmonografie der Pilzgattungen Panaeolus und Panaeolina (Düngerlinge) zum Inhalt. Bereits als Student schrieb er sein erstes Pilzbuch für den BLV-Verlag, dem etliche weitere folgten. In den letzten Jahren publizierte er auch reich illustrierte Bestimmungs-Apps über Pilze und Beeren. Sein Naturinteresse, insbesondere an Großpilzen, stand stets im Einklang mit der Naturfotografie, die er bis heute leidenschaftlich ausübt.

Impressum

Postfach 860366, 81630 München

BLV ist eine eingetragene Marke der GRÄFE UND UNZER VERLAG GmbH, www.blv.de

ISBN 978-3-8354-1675-8
5. Auflage 2025

Bildnachweis: Alle Fotos von Dr. Ewald Gerhardt, mit Ausnahme von: S. 2/3, 7o, 16or, 29o, 43u, 52, 67u, 84, 91ol, 92, 93o, 100, 115u: Marina Gerhardt
Umschlagkonzeption und -gestaltung: BLV-Verlag
Umschlagfotos: Titelbild: Shutterstock
Rückseite: Dr. Ewald Gerhardt

Lektorat: Elena Gabler
Herstellung: Hermann Maxant
Layout: Kathrin Michel, München
Druck und Bindung: Friedrich Pustet, Regensburg

Gedruckt auf chlorfrei gebleichtem Papier

DIE KÖNNTEN SIE AUCH INTERESSIEREN.

ISBN 978-3-8354-1926-1

ISBN 978-3-96747-012-3

ISBN 978-3-8354-1808-0

ISBN 978-3-8354-1620-8

Mehr von BLV auf **www.blv.de**